SOLUTIONS

DES PROBLÈMES AVEC LEURS RÉPONSES.

Les exemplaires voulus par la loi ayant été déposés, tous ceux qui ne seraient pas revêtus de la signature ci-dessous seront regardés comme contrefaits.

SOLUTIONS

DES PROBLÈMES AVEC LEURS RÉPONSES

DE

L'ARITHMÉTIQUE THÉORIQUE ET PRATIQUE

PUBLIÉE

Par F.-J.-A. GONNORD et F. CONNAN.

SE TROUVE :

A St-LAURENT-SUR-SEVRE (Vendée), au Pensionnat de St GABRIEL.

A VANNES, chez N. DE LAMARZELLE, Imp^{r}-Lib^{re}.

1846.

SOLUTIONS DES PROBLÈMES

AVEC LEURS RÉPONSES.

NUMÉRATION.

1. R. Quarante; quatre-vingts; cent; deux cent huit; trois cent quarante-cinq; six mille huit cent trente-sept; trente-six mille neuf cent soixante-quatorze; un million deux cent trente-quatre mille cinq cent soixante-sept; quatre-vingt-dix-huit millions sept cent soixante-cinq mille quatre cent trente-deux; cent millions.

2. R. Six unités; neuf unités; zéro unité et une dizaine; cinq unités et une dizaine; cinq unités et deux dizaines; cinq unités et trois dizaines; trois unités et quatre dizaines; six unités et neuf dizaines; neuf unités, neuf dizaines et une centaine; six unités, sept dizaines, neuf centaines, huit mille; quatre unités, sept dizaines, quatre centaines, trois mille, neuf dizaines de mille et six centaines de mille; une unité, une dizaine, une centaine, un mille, une dizaine de mille, une centaine de mille et un million; zéro unité, neuf dizaines, huit centaines, sept mille, six dizaines de mille, cinq centaines de mille, quatre millions, trois dizaines de millions, deux centaines de millions et un billion; zéro unité, neuf dizaines, trois centaines, zéro mille, une dizaine de mille, zéro centaine de mille, sept millions, zéro dizaine de millions, cinq centaines de millions, zéro billion, huit dizaines de billions, zéro centaine de billions, neuf trillions, zéro dizaine de trillions, quatre centaines de trillions, zéro quatrillion et 6 dizaines de quatrillions.

3. R. 6, 10, 20, 30, 95, 100, 300, 600, 900, 1000, 10000, 100000.

4. R. 456815, 608540, 3517869, 56724112, 1000000009000.

5. R. Quarante-deux... trois cent cinquante-sept... six mille neuf cent vingt-cinq... quatre-vingt-sept mille trois cent qua-

rante-six... huit cent quarante-sept mille neuf cent quatre... cinq millions dix mille quarante.

6. R. Un million mil huit cent sept... quatre-vingt-dix mille un... quatre billions, cent millions, cent sept mille, huit... quatre cent soixante-dix millions, huit cent un... sept billions, trois cent un million, deux mille six... quatre-vingt-dix millions, neuf mille neuf.

DÉCIMALES ET CHIFFRES ROMAINS.

7. R. 20.
8. R. 300.
9. R. 4000.
10. R. 50000.
11. R. 0,2.
12. R. 0,03.
13. R. 0,004.
14. R. 0,0005.
15. R. 32.
16. R. 445.
17. R. 54600.
18. R. 1234500.
19. R. 0,350
20. R. 0,455.
21. R. 0,056789.
22. R. 6,78950.
23. R. 0,4876.
24. R. 4,5876.
25. R. 678540000.
26. R. 0,0056480.
27. R. IX, XXIX, LI, CII, MDCCCLXV, M.
28. R. 5, 10, 60, 1009, 700, 1990.
29. R. 1000, 1845.
30. R. cinq cent quatre... mille un... quatre-vingt-quatorze.

ADDITION.

31. 464 + 623 + 310 = R. 1397.
32. 987 + 789 + 598 = R. 2374.
33. 1426 + 3241 + 1234 + 1002 = R. 6903.
34. 9876 + 5432 + 8976 + 5678 = R. 29962.
35. 4 + 9 + 19 + 109 + 4007 = R. 4148.
36. 342,24 + 194,12 + 842,92 = R. 1379,28.
37. 4 + 12 + 15 = R. 31.
38. 14 + 25 + 36 = R. 75.

39. 45 + 56 + 67 = R. 168.
40. 76 + 87 + 98 + 109 = R. 370.
41. 66 + 87 + 108 + 120 = R. 381.
42. 230,25 + 340,36 + 454,70 + 575,87 = R. 1601,18.
43. 2304,003 + 3456,045 + 4533,056 + 5692,005 = R. 15985,109
44. 12453,234 + 13568,095 + 15839,504 = R. 41870,833.
45. 45564,3 + 55685,05 + 67837,005 + 88945,0005 = R. 258031,3555.
46. 45678,003 + 56789,05 + 6878,545 + 7780,004 = R. 117125,899.
47. 234,5 + 3456,06 + 4567,08 = R. 8257,64.
48. 23456,0007 + 34556,008 + 46570,085 + 16820,785 = R. 121402,8787.
49. 38000,50 + 88945,640 + 78912 + 55668 = R. 261526,14.
50. 670078,04 + 600068,04 + 670078,505 + 770044,045 = R. 2710268,63.
51. 58864,55 + 58039,6 + 58000,765 + 58000,0005 = R. 234904,9155.
52. 456 + 567 + 678 = R. 1701.
53. 5578 + 6789 + 7890 + 8910 = R. 29267.
54. 36 + 34 + 40 = R. 110 f.
55. 24 + 26 + 30 + 22 = R. 102 f.
56. 846 + 536 + 180 = R. 1562 f.
57. 485 + 94 + 67 = R. 646.
58. 18f,40 + 20f,25 + 24f,50 = R. 63f,15 centimes.
59. 45,30 + 54,50 + 62,80 = R. 162f,60 centimes.
60. 143,25 + 180,40 + 98,30 = R. 421f,95 centimes.
61. 642 + 180,75 + 95,50 + 45 = R. 963f,25 centimes.
62. 36,50 + 34,85 + 40 + 51,95 = R. 163f,30.
63. 432 + 286 + 144,54 + 144,54 = R. 1007f,08 cent.
64. 36,50 + 46,85 + 58 = R. 141f,35 cent.
65. 50,40 + 38,50 + 38,50 + 28,60 = R. 156 f.
66. 289,75 + 134,80 + 156,20 + 480,45 = R. 1061f,20.
67. 348,50 + 289,70 + 160 + 240,95 + 534,35 + 600 = R. 2173f,50.
68. 170,50 + 185 + 456,85 + 86,45 = R. 898f,80.
69. 384 + 368 + 294 + 294 + 198 = R. 1538 paires de souliers.
70. 542,45 + 385,60 + 360 + 98 = R. 1386f,05.
71. 270 + 185,70 + 185,70 + 98,50 + 98,50 + 45 = R. 883f,40.
72. 350 + 285,50 + 86,45 + 90,75 + 120 + 46 = R. 978f,70.
73. 185 + 128,50 + 84,95 = R. 398f,45.
74. 42,50 + 54,35 + 64,75 = R. 161 mèt.,60.
75. 278,95 + 384,45 + 198,70 + 89 + 489,65 = R. 1440 mètres 75 cent.

76. 54,70 + 60,45 + 58,97 + 39 = R. 213^{m},12.
77. 148,20 + 218,50 + 195,75 + 176,84 = R. 739^{m},29.
78. 285 + 289,40 + 378,54 + 390,70 = R. 1343^{m},64.
79. 17,50 + 18 + 16,45 + 15 = R. 66f,95.
80. 6897 + 8670 + 9545 = R. 25112 litres.
81. 1508 + 786 + 94 + 54 = 2442 hectolitres; un hectolitre = 5 doubles décalitres; 2442 + 2442 + 2442 + 2442 + 2442 = R. 12210 doubles décalitres.
82. 158,35 + 165,70 + 240,95 = R. 565 f.
83. 248,50 + 318,65 + 280,45 + 402,05 = R. 1249f,65.
84. 24,35 + 21,75 + 18,58 + 18,90 + 26 = R. 109f,58.
85. 34,40 + 42,35 + 39,78 + 45,15 + 40,58 + 41,70 = R. 247 mèt. 96 cent.
86. 1,75 + 1,80 + 2,10 + 2,45 = R, 8f,10 cent.
87. 162,55 + 180,70 + 248,75 + 275,40 = R. 867f,40.
88. 320,75 + 340,50 + 420,85 + 500 + 546,85 = R. 2110f,95.
89. 260 kilog. + 180 kilog. 250 gram. + 275$^{kilog.}$,800 = R. 716^{k},05.
90. 5487,85 + 4896,45 + 6923,75 = R. 17308f,05.
91. 546,50 + 2480,60 + 865,95 + 596 + 348 = R. 4837f,05.
92. 2589,75 + 3001,85 + 4028 + 3870,40 = R. 13490f.
93. 896,70 + 1040,50 + 1284,95 = R. 3222f,15.
94. 289,75 + 3764,85 + 648,55 + 867 = R. 5570 stères 15 centistères.
95. 462,80 + 180,50 = R. 643f,30.
96. 46 + 54 + 56 + 60 + 68 = R. 284 chapeaux.
97. 346,50 + 124,65 = R. 471f,15.
98. 58 + 62 + 68 + 75 + 82 = R. 345 élèves.
99. 865f,75 + 184 = R. 1049^{f},75.
100. 465 + 1658,85 + 75,50 = R. 2199f,35.
101. 240,65 + 264,80 + 356 + 400,75 = R. 1262f,20.
102. 12525 + 10600 + 13845 = R. 36970 grammes.
103. 647,58 + 897,645 + 986 + 986 + 1486 = R. 5003 kilog. 225 grammes.
104. 5,45 + 6,70 + 3,80 + 1,95 = 17f,90 cent.
105. 248,40 + 248,40 + 248,40 + 255,45 + 250 + 250 + 247 + 260,50 = R. 1261 litres 35 centilitres.
106. 54240 + 48650 + 52870 + 47560 = R. 153320 grammes.
107. 32540 + 28008 + 29450 + 34528 + 34825 + 34825 = R. 194230 mètres.
108. 1280 + 1500 + 1750 + 1840 = R. 6370 hommes.
109. 284000 + 320650 + 402020 + 100456 + 100456 + 92800 = R. 1300382 grammes.
110. 18 ans 2 mois 24 jours + 35 ans 27 jours + 9 ans 11 mois + 8 ans 26 jours = R. 71 ans 3 mois 17 jours.

111. 3680 + 2890 + 3890 + 4080 + 4080 = R. 1862 décalit.
112. 8697 + 9745,85 + 1592,856 + 3784,6 = R. 2382030бgram.
113. 3280 + 658 + 658 + 865 = R. 5461 bons points.
114. 504,95 + 648,50 + 95,85 = R. 1249f,30.
115. 4685,85 + 5340,70 + 6086,55 + 6874,95 + 15846,85 = R. 38828 francs 90 cent.
116. 87675 + 65485,98 + 8246,80 + 2437,50 = R. 1638 hectares 45 ares 28 centiares.
117. R. 48 ans, 9 mois, 17 jours et 10 heures 56 minutes.
118. 346,45 + 408,50 + 87,8 + 548,75 + 75 + 219,4 = R. 1685 stères 90 centistères.
119. 3692 + 923 + 923 = R. 5538 mètres carrés.
120. 285 + 7400,75 + 5875,40 + 5860 + 18645,80 + 1830,95 + 1624 + 2487,45 + 1795,95 = R. 45805f,30 c.
121. 4,50 + 4,45 + 3,87 + 3,73 + 2,98 = R. 19 mètres 53 cent.
122. 2845,75 + 1834,80 + 3567,50 + 8248,05 + 8248,05 + 8248,05 = R. 32992,20.
123. 185 + 245,08 + 198,50 + 219,78 + 250 = 1re R. 1098 litres 36 centilitres. 130,55 + 208,65 + 318,70 + 112,30 + 280,95 = 2e R. 1051f,15 cent.
124. 90000 + 87600 + 79876,54 = 1re R. 257476gram.,55c. 135 + 122,64 + 127,80 = 2e R. 385,44.

SOUSTRACTION.

125. 84 — 62 = R. 22.
126. 142 — 101 = R. 41.
127. 3448 — 2224 = R. 1224.
128. 900 — 849 = R. 51.
129. 9000 — 6927 = R. 2073.
130. 3 — 0,89 = R. 2,11.
131. 95 — 64 = R. 31 f.
132. 103 — 92 = R. 11 f.
133. 132 — 80 = R. 52 f.
134. 146 — 64 = R. 82 f.
135. 164 — 146 = R. 18 f.
136. 425 — 354 = R. 71 points.
137. 341 — 218 = R. 123 f.
138. 175 — 98 = R. 77 mètres.
139. 225 — 147 = R. 78.
140. 75 — 45 = R. 30 ans.

141. 58 — 39 = R. 19 croisées.
142. 64 — 46 = R. 18 mètres.
143. 92 — 80 = R. 12 mètres.
144. 54 — 49 = R. 5 kilogrammes.
145. 186 — 98 = R. 88 poissons.
146. 268 — 48 = R. 220 f.
147. 45 — 15 = R. 30 mètres.
148. 864 — 350 = R. 514 f.
149. 986 — 18 = R. 968 ares.
150. 896 — 784 = R. 112 hectares.
151. 9000 — 175 = R. 8825 ares.
152. 789,50 — 457,40 = R. 332f,10.
153. 357 — 138 = R. 219.
154. 1500 — 1486,85 = R. 13f,15.
155. 428,87 — 354,75 = R. 74f,12.
156. 4789,45 — 987,58 = R. 3801f,95.
157. 65,85 — 15 = R. 50m,85 cent.
158. 4879,95 — 3210,70 = R. 1669f,25.
159. 12896 — 4250 = R. 8646 hommes.
160. 1268,45 — (348 + 348 + 348 + 3,50) = R. 220f,95.
161. 492486 — 184545 = R. 307941 litres.
162. 8976,85 — 7854 = R. 1122f,85.
163. 1587,45 — 840,50 = R. 746stères,95.
164. 435 — 198 = R. 237 mètres.
165. R. 20 ans 9 mois et 27 jours.
166. R. 21 ans 1 mois et 5 jours.
167. R. 61 ans et 6 jours.
168. 568 — 380 = R. 168 hommes.
169. 37846 — 18956,65 = R. 18889f,35.
170. 37458,75 — 18208,80 = R. 19249f,95.
171. 328495,75 — 191847,90 = R. 136647f,85.
172. 280 — 95 = R. 185 kilomètres.
173. 9876854 — 5432970 = R. 4443884 grammes.
174. 81872 — 37850 = R. 44022 litres.
175. 864,75 — 297,85 = R. 566f,90.
176. 86549 — 9876 = R. 76673 habitants.
177. 921 — 871 = R. 50 tonneaux.
178. 7859,70 — 7684,85 = R. 174f,85.
179. 180,50 — 86,30 = 1re R. 94f,20 centimes; 198,65 — 115,75 = 2e R. 82f,90.
180. 3785 — 845 = R. 2940.
181. 4685,75 — 254,80 = R. 4430f,95.
182. 1840 — 1284 = R. 556 années, lesquelles, ôtées de 1000, reste 444 ans.
183. 75 ans 4 mois 12 jours — 18 ans 7 mois 8 jours = R. 56 ans 9 mois et 4 jours.

184. R. 39 ans, 1 mois, 20 jours.
185. 28975 — (350 + 1090 + 470) = R. 27065 hommes.
186. 24895,75 — (7845,60 + 8659,85) = R. 8390f,30.
187. 3546,75 — (642,50 + 987,95) = R. 1916f,30.
188. R. 52 ans, 9 mois, 8 jours et 8 heures.
189. 75,80 — 45,30 = R. 30 mètres 50 cent.
190. 1286 — (79 + 34) = R. 1173 moutons.
191. 17840,40 — (2460,85 + 685,30) = R. 14694f,25.
192. 894 — (305 + 320) = R. 269 mètres.
193. 38000 + 2980 — 675 + 840 + 458 + 97 = R. 38910.
194. 84048 — 49000 = R. 35048 grammes.
195. 324,75 — 186,875 = R. 137$^{mèt.}$,875.
196. 3645 — (87 + 35) = R. 3523 oranges.
197. 3210,75 — 2280,80 = R. 929f,95.
198. 34680 — (21850,70 + 840,55) = R. 11982f,75.
199. 346,75 — 287,80 = R. 58f,95.
200. 17280 — 8400 = R. 8880 litres.
201. 46,80 + 39,53 + 52,085 — 93,136 = R. 45^{m},279.
202. 1230,75 — 978,5 = R. 252f,25.
203. 4680 — 184 = R. 4496 ares.
204. 87950 — (780 + 13) = R. 87157 litres.
205. (198463 + 214640 + 163087 + 163087) — 15450 = R. 723827.
206. 564800 — (203400 + 178052) = R. 183348 litres.
207. 18400,85 + 20000 + 21200 — 48650 = R. 10950f,85.
208. 1870000 — 438560 = R. 1431440 mètres.
209. 18754,75 — 1975,80 = R. 16778f,95.
210. 6854,70 — 563,90 = R. 6290f,80.
211. 290875 — (560,85 + 560,85 + 560,85 + 251460) = R. 37733f,45.
212. 354869,15 — 187654,5 = R. 167214f,65.
213. 175000 — (11875 + 1478 + 9800 + 4368,90 + 1500 + 1800) = R. 144178f,10.

MULTIPLICATION.

214. 10 × 9 = R. 90.
215. 12 × 10 = R. 120.
216. 96 × 10 = R. 960.
217. 13 × 12 = R. 156.
218. 100 × 9 = R. 900.
219. 76 × 100 = R. 7600.
220. 22 × 44 = R. 968.
221. 1000 × 8 = R. 8000.

222. 46 × 1000 = R. 46000.
223. 462 × 79 = R. 36498.
224. 0,2 × 20 = R. 4 entiers.
225. 0,9 × 99 = R. 89,1.
226. 0,5 × 0,8 = R. 0,4.
227. 2,4 × 84 = R. 201,6.
228. 26 × 7,22 = R. 187,72
229. 10000 × 90000 = R. 900000000.
230. 9 × 8 = R. 72.
231. 14 × 16 = R. 224.
232. 8 × 15 = R. 120.
233. 20 × 9 = R. 180.
234. 25 × 12 = R. 300.
235. 15 × 4 = R. 60 francs.
236. 16 × 11 = R. 176 f.
237. 25 × 13 = R. 325 f.
238. 36 × 5 = R. 180 f.
239. 54 × 2 = R. 108 f.
240. 168 × 0,75 = R. 126 f.
241. 12 × 8 × 0,15 = R. 14f,40.
242. 144 × 2,55 = R. 367f,20.
243. 130 × 3,25 = R. 422f,50.
244. 240 × 0,40 = R. 96 f.
245. 346 × 0,80 = R. 276f,80.
246. 254 × 6,40 = R. 1625f,60.
247. 197 × 0,70 = R. 137f,90.
248. 386 × 3,20 = R. 1235f,20.
249. 46 × 23,75 = R. 1092f,50.
250. 43 × 3 = R. 129 paires.
251. 14 × 36 = R. 504 mètres.
252. 248 × 18 = R. 4464 litres.
253. 154 × 5,70 = R. 877f,80.
254. 86 × 48 = R. 4128 f.
255. 264 × 1,25 = R. 330 f.
256. 38,65 × 8 = R. 309f,20.
257. 164,70 × 86 = R. 14164f,20.
258. 48 × 4,35 = R. 208f,80.
259. 468 × 5,43 = R. 2541f,24.
260. 186 × 2,25 = R. 418f,50.
261. 64 × 18,47 = R. 1182f,08.
262. 185 × 2,60 = R. 481 f.
263. 782 × 0,45 = R. 351f,90.
264. 34,50 × 18 = R. 621 f.
265. 5841 × 365 × 24 × 60 = R. 3069969600 minutes.
266. (56 × 12) + 3 × 30 × 24 × 60 = R. 29563200 minut.

267. 436 × 8,4 = R. 3684f,20.
268. 854,250 × 1,90 = R. 1623f,075.
269. 462 × 1000 = R. 462000 litres.
270. R. 8690 grammes.
271. 1589 × 0,05 = R. 79f,45.
272. 3870 × 0,25 = 967f,50.
273. 428 × 0,20 = R. 85f,60.
274. 240 × 0,80 = R. 192f.
275. 357,8 × 14,60 = R. 5223f,88.
276. 648 × 12 × 0,043 = R. 334f,368.
277. 486,68 × 1,85 = R. 900f,358.
278. 546 × 308,40 = R. 168386f,40.
279. 14 × 43 × 2,35 = R. 1414f,70.
280. 348 × 10 × 1,25 = R. 4350f.
281. 1486 × 560 × 0,03 = R. 24964f,80.
282. (992 × 0,63) — 496,75 = R. 128f,21.
283. 84,85 × 12,60 — 63,75 × 2,30 = R. 922f,485.
284. 3560 × 0,35 — 38 × 12,70 = R. 763f,40.
285. 780,525 × 0,65 = R. 507f,34125.
286. 4,35 × 58 = R. 252f,30.
287. 248 × 5 = R. 1240 écoles.
288. 256 × 3,25 × 20 × 12 = R. 199680 mètres.
289. 6 × 5 × 12 × 0,9 — 216 = R. 108f.
290. 5 × 54,60 × 2,40 = R. 655f,20.
291. 54,75 × 45 = R. 2463mètres,75.
292. 64 × 40 = R. 2560 carreaux.
293. 480,65 × 198,75 = R. 95529m,1875.
294. 8695 × 82,35 = R. 716033f,25.
295. 48 × 8 × 36 × 1,25 — 12,10 + 9,75 + 8765,45 = R. 8492f,70.
296. 4689 × 10000 = R. 46890000 mètres.
297. 365 × 80 × 24 × 60 × 20 = R. 840960000 respirations.
298. 4004 × 1840 × 365 × 24 × 60 = R. 3071606400 minutes.
299. 46,50 × 20,85 = R. 969f,5250.
300. R. 99f.
301. 150 × 25,35 = R. 3802f,50.
302. 13,75 × 8 — 2,30 × 24 = R. 94f,80.
303. 384 × 1,6 — 460,85 = R. 153f,55.
304. 348 × 0,75 — 348 × 0,30 + 78 = R. 78f,60.
305. 648 × 12,65 — (208 × 7 + 103 × 2 + 2480) = R. 4055f,20.
306. 264 × 14 × 0,15 = R. 554f,40.
307. 18,057 × 24,60 — 194 × 0,49 = R. 349f,14220.
308. 4960780 × 24 × 60 = R. 7143523200 litres.

309. $34 \times 10000 =$ R. 340000 mètres.
310. $36000 \times 10 =$ R. 36 myriamètres.
311. $685,75 \times 4,30 =$ R. 2262f,975.
312. $280 \times 0,25 + 80 \times 12 \times 0,65 + 845 \times 0,03 + 45 \times 10 \times 0,80 + 58,95 =$ R. 1138f,30.
313. $(38 \times 0,20 + 24 \times 0,35 + 18 \times 0,50 + 36 \times 0,55 + 6 \times 0,75) - 38 \times 0,15 + 24 \times 0,30 + 18 \times 0,40 + 36 \times 0,50 + 6 \times 0,70 =$ R. 7 francs.
314. $346 \times 0,65 =$ R. 2ares,249.
315. $400 \times 206,222 =$ R. 8hectares,24888.

DIVISION.

316. $\frac{96}{10} =$ R. 9,6.
317. $\frac{120}{100} =$ R. 1entier,2.
318. $\frac{9000}{1000} =$ R. 9.
319. $\frac{24}{4} =$ R. 6.
320. $\frac{60}{5} =$ R. 12.
321. $\frac{72}{12} =$ R. 6.
322. $\frac{966}{3} =$ R. 322.
323. $\frac{800}{20} =$ R. 40.
324. $\frac{8450}{50} =$ R. 169.
325. $\frac{100}{2,4} =$ R. $41,66 + \frac{1}{4}$
326. $\frac{4}{16} =$ R. 0,25.
327. $\frac{0,8}{4} =$ R. 0,2.
328. $\frac{2,10}{1,25} =$ R. 1,06,
329. $\frac{69840}{260} =$ R. $268 + \frac{8}{13}$.
330. $\frac{12}{3} =$ R. 4.
331. $\frac{15}{5} =$ R. 3.
332. $\frac{20}{4} =$ R. 5.
333. $\frac{25}{5} =$ R. 5.

334. $\frac{24}{6}$ = R. 4.
335. $\frac{32}{8}$ = R. 4.
336. $\frac{36}{6}$ = R. 6
337. $\frac{42}{7}$ = R. 6.
338. $\frac{50}{10}$ = R. 5.
339. $\frac{64}{8}$ = R. 8.
340. $\frac{120}{10}$ = R. 12.
341. $\frac{224}{8}$ = R. 28f.
342. $\frac{36}{6}$ = R. 6f.
343. $\frac{420}{48}$ = R. 8f,75.
344. $\frac{585}{45}$ = R. 13f.
345. $\frac{6,24}{48}$ = R. 0,13 centimes.
346. $\frac{42}{60}$ = R. 0f,70.
347. $\frac{70}{14}$ = R. 5f.
348. $\frac{180}{36}$ = R. 5f.
349. $\frac{38,40}{24}$ = R. 1f,60.
350. $\frac{270}{150}$ = R. 1f,80.
351. $\frac{322}{140}$ = R. 2f,30.
352. $\frac{826,20}{4860}$ = R. 0,17 centimes.
353. $\frac{18}{72}$ = R. 0f,25.
354. $\frac{322}{56}$ = R. 5f,75.
355. $\frac{83,20}{52}$ = R. 1f,60.
356. $\frac{189}{42}$ = R. 4f,50.
357. $\frac{4562,40}{8}$ = R. 570f,30.
358. $\frac{4867,85}{24}$ = R. 202f,827 + 2 de reste.
359. $\frac{685,40}{5}$ = R. 137f,08.

360. $\frac{8496}{24}$ = R. 354 hommes.

361. $\frac{57840,12}{3780,40}$ = R. 15f,30.

362. $\frac{24}{96}$ = R. 0,25 centimètres.

363. $\frac{9054}{365}$ = R. 25f,15.

364. $\frac{2917,3074}{4862,179}$ = R. 0f,60.

365. $\frac{480}{48000}$ = R. 0f,01.

366. $\frac{5952}{48}$ = R. 124 litres.

367. $\frac{456900}{480}$ = R. 951litres,87 + $\frac{160}{480}$ ou $\frac{1}{3}$.

368. $\frac{338,10}{96}$ = R. 3f,52 + $\frac{3}{16}$.

369. $\frac{42700}{94600}$ = R. 0f,45 $\frac{130}{946}$.

370. $\frac{5504}{86}$ = R. 64 mètres.

371. $\frac{96,0064}{7,55}$ = R. 12mètres,71 reste 459.

372. $\frac{298,80}{180}$ = R. 1f,66.

373. $\frac{6936,30}{54}$ = R. 128f,45.

374. $\frac{3045}{8400}$ = R. 0f,3625.

375. $\frac{13627,50}{987,50}$ = R. 13f,80.

376. $\frac{6839,964}{367,74}$ = R. 18f,60.

377. $\frac{134,25}{0,75}$ = R. 179 doubles décalitres.

378. $\frac{5400}{4,95}$ = R. 1090 draps; il reste 4m,5.

379. $\frac{79,9}{85}$ = R. 0f,94.

380. $\frac{118022,40}{800}$ = R. 147f,528.

381. $\frac{450,36}{5}$ = R. 90f,052.

382. $\frac{3045,60}{380,70}$ = R. 8 chevaux.

383. $\frac{1272}{8}$ = R. 159 kilog.

384. $\frac{2310,40}{361}$ = R. 6f,40.

385. $\frac{96000}{4000}$ = R. 24 fois.

386. $\frac{162}{216}$ = R. 0f,75.

387. $\frac{809,30}{438}$ = R. 1f,84 et reste 338.

388. $\frac{167,40}{4,65}$ = R. 36 mètres.

389. $\frac{2403}{52}$ = R. 46mèt.,21, reste $\frac{2}{13}$.

390. $\frac{231,70}{5}$ = R. 46mètres,34.

391. $\frac{3155446,602}{309357,51}$ = R. 10f,20.

392. $\frac{76191}{327}$ = 233 carreaux.

393. $\frac{1388,53}{48,55}$ = R. 28f,60.

394. $\frac{927,94}{53,95}$ = R. 17mètres,20.

395. $\frac{429,05}{4000}$ = R. 0f,1072625.

396. $\frac{41925}{5 \times 30 \times 430}$ = R. 650 grammes.

397. $\frac{2592}{180 \times 8}$ = R. 1f,80.

398. $\frac{70 \times 24}{15}$ = R. 112 mètres.

399. $\frac{(16 \times 12 \times 2) + 20f,50 + 171f,50}{192}$ = R. 3 francs.

400. $50000 \times 5,40 = 270000$; $15 \times 25 = 375$; $\frac{270000}{375} =$ R. 720 ballots.

401. $\frac{1200 \times 45 - 8773}{49} =$ R. 923 hommes.

402. $\frac{5291 + 858}{286} =$ R. 21f,50.

403. $\frac{218 \times 48}{3 \times 8} =$ R. 436 francs.

404. $\frac{525 + 350 + 175}{28 \times 125} =$ R. 0f,30.

405. $\frac{5656 + 1313}{6 \times 6 \times 46,25} =$ R. 4f,18 $+ \frac{62}{111}$.

406. $\frac{141255}{430} =$ R. 328f,50.

407. $\frac{873 + 126}{18 \times 3} =$ R. 18f,50.

408. $\frac{3640 - 182 \times 2 \times 8}{8} =$ R. 91 f.

409. $\frac{543,44 + 90}{428 \times 2} =$ R. 0f,74.

410. $\frac{1072,50 + 20,25}{275} =$ R. 4f,65.

411. $\frac{6756 + 5870 + 4359 - 640}{7100} =$ R. 2f,30 plus $\frac{15}{710}$ ou $\frac{3}{154}$

412. $\frac{584000}{365 \times 25} =$ R. 64 personnes.

413. $\frac{999000000}{365 \times 30 \times 24} =$ R. 3801 personnes $\frac{27}{73}$.

414. $\frac{900000000000000}{3100} =$ R. 290322kilo,580645.

415. $\frac{40000}{32} = 1250$ jours de marche, $\frac{1250}{6} = 208$ de plus pour les dimanches. $1250 + 208 =$ R. 1458 j.

FRACTIONS.

Première réduction.

416. R. $\frac{3}{4}$.
417. R. $\frac{36}{6}$.
418. R. $\frac{15}{3}$.
419. R. $\frac{36}{4}$.
420. R. $\frac{60}{5}$.
421. R. $\frac{129}{7}$.
422. R. $\frac{96}{4}$.
423. R. $\frac{405}{9}$.
424. R. 607 mois.
425. R. $\frac{8766}{24}$.
426. R. 1273 pauvres.

Deuxième réduction.

427. R. 12 entiers.
428. R. $3 + \frac{1}{7}$.
429. R. 24 degrés.
430. R. 20 myriamètres.
431. R. 3566 grammes $+ \frac{2}{3}$.
432. R. 730 centimes $\frac{10}{13}$.
433. R. 38,937 millimètres $+ \frac{1}{2}$.

Troisième réduction.

434. R. $\frac{1}{2}$, $\frac{1}{4}$, $\frac{1}{6}$, $\frac{1}{24}$ et $\frac{1}{2}$.
435. R. $\frac{213}{251}$... $\frac{3}{4}$.
436. R. $\frac{7}{9}$... $\frac{961}{1600}$.
337. R. $\frac{1}{140}$... $\frac{11}{12}$.

Quatrième réduction.

438. $12 : \begin{cases} \frac{1}{2} \times 6 = \frac{6}{12} \\ \frac{2}{3} \times 4 = \frac{8}{12} \\ \frac{1}{4} \times 3 = \frac{3}{12} \end{cases}$ Réponse $\begin{cases} \frac{6}{12} \\ \frac{8}{12} \\ \frac{3}{12} \end{cases}$

439. $39 : \begin{cases} \frac{2}{3} \times 13 = \frac{26}{39} \\ \frac{9}{13} \times 3 = \frac{27}{39} \end{cases}$ R. $\begin{cases} \frac{26}{39} \\ \frac{27}{39} \end{cases}$

440. $140 : \begin{cases} \frac{3}{4} \times 35 = \frac{105}{140} \\ \frac{4}{5} \times 28 = \frac{112}{140} \\ \frac{5}{7} \times 20 = \frac{100}{140} \end{cases}$ R. $\begin{cases} \frac{105}{140} \\ \frac{112}{140} \\ \frac{100}{140} \end{cases}$

441. $9576 : \begin{cases} \frac{5}{9} \times 1064 = \frac{5320}{9576} \\ \frac{6}{7} \times 1368 = \frac{8208}{9576} \\ \frac{4}{19} \times 504 = \frac{2016}{9576} \\ \frac{3}{8} \times 1197 = \frac{3591}{9576} \end{cases}$ R. $\begin{cases} \frac{5320}{9576} \\ \frac{8208}{9576} \\ \frac{2016}{9576} \\ \frac{3591}{9576} \end{cases}$

Addition.

442. $\overline{12}$ $\begin{cases} \frac{1}{2} \times 6 = 6 \\ \frac{2}{3} \times 4 = 8 \\ \frac{3}{4} \times 3 = 9 \end{cases}$

23 , $\frac{23}{12}$ = R. 1 entier $\frac{11}{12}$

443. $\overline{20}$ $\begin{cases} \frac{4}{5} \times 4 = 16 \\ \frac{3}{5} \times 4 = 12 \\ \frac{1}{4} \times 5 = 5 \end{cases}$

33 , $\frac{33}{20}$ = R. $1 + \frac{13}{20}$

444.
$$\left\{\begin{array}{l} \frac{5}{6} \times 45 = 225 \\ \frac{7}{9} \times 30 = 210 \\ \frac{8}{9} \times 30 = 240 \\ \frac{2}{5} \times 54 = 108 \end{array}\right. \quad (270)$$

$$783, \quad \frac{783}{270} = \text{R. } 2 + \frac{9}{10}.$$

445.
$$\left\{\begin{array}{l} \frac{3}{4} \times 7 = 21 \\ \frac{5}{7} \times 4 = 20 \end{array}\right. \quad (28)$$

$$41, \quad \frac{41}{28} = \text{R. } 1 + \frac{13}{28}$$

446.
$$\begin{array}{ll} 10 & \left\{\begin{array}{l} \frac{5}{8} \times 9 = 45 \\ \frac{8}{9} \times 8 = 64 \end{array}\right. \quad (72) \\ 30 & \end{array}$$

$$40 \qquad 109, \quad \frac{109}{72} = 1 + \frac{37}{72} + 40 = \text{R. } 41 + \frac{37}{72}$$

447.
$$\left\{\begin{array}{l} \frac{2}{3} \times 120 = 240 \\ \frac{4}{5} \times 72 = 288 \\ \frac{3}{4} \times 90 = 270 \\ \frac{7}{8} \times 45 = 315 \\ \frac{7}{9} \times 40 = 280 \end{array}\right. \quad (360)$$

$$1393, \quad \frac{1393}{360} = \text{R. } 3 + \frac{313}{360}$$

448. $\frac{1}{3} + \frac{1}{4} = \frac{7}{12}$. Le nombre dont les $\frac{7}{12}$ font 7 est 12.

449. $\frac{1}{2} + \frac{2}{3} + \frac{3}{7} = \frac{67}{42}$ R. 42.

$$\begin{array}{llll} & & 40 & \\ & 12 & \left\{ \frac{1}{2} \times 20 = \underline{20} \right. & \\ 450. & 14 & \left\{ \frac{5}{8} \times \ \ 5 = \underline{25} \right. & \\ & 17 & \left\{ \frac{4}{5} \times \ \ 8 = \underline{32} \right. & \\ \hline & 43 & \qquad\qquad 77 & , \ \frac{77}{40} = 1 + \frac{37}{40} + 43 = \end{array}$$

R. $44 + \frac{37}{40}$

451. En 1 heure le 1er fera $\frac{1}{15}$ de l'ouvrage, et l'autre $\frac{1}{12}$; $\frac{1}{15} + \frac{1}{12} = \frac{4}{60} + \frac{5}{60} = \frac{3}{20}$; s'ils font $\frac{3}{20}$ de l'ouvrage en 1 heure, ils feront 3 fois l'ouvrage en 20 h. $\frac{20}{3}$ = R. 6 h. $\frac{2}{3}$.

$$\begin{array}{ll} & \quad 120 \\ & \left\{ \frac{1}{8} \times 15 = \underline{15} \right. \\ 452. & \left\{ \frac{1}{10} \times 12 = \underline{12} \right. \\ & \left\{ \frac{1}{15} \times \ \ 8 = \ \underline{8} \right. \\ \hline & \qquad\qquad 35 \end{array}$$

$, = \frac{35}{120}$ ou $\frac{7}{24}$; s'ils font ensemble en 1 heure le $\frac{7}{24}$ de l'ouvrage, en 24 heures ils le feront 7 fois. $\frac{24}{7}$ = R. 3 heures $\frac{3}{7}$.

453. Le premier fera les $\frac{2}{7}$ de l'ouvrage en une heure, le deuxième en fera les $\frac{3}{13}$, $\frac{2}{7} + \frac{3}{13} = \frac{47}{91}$, en 91 heures ils feront 47 fois cet ouvrage, $\frac{91}{47}$ = R. 1 heure $\frac{44}{47}$.

454. La première fournit $\frac{3}{5}$ d'hectolitre en une minute ou 60 litres, $60 + \frac{8}{7} + 4 + \frac{5}{8} = \frac{3683}{56}$, fournis dans une minute. $\frac{3683}{56} \times 60$ minutes $= \frac{220980}{56}$ = R. 39 hectol. 46 litres $\frac{1}{14}$.

Soustraction.

455. $\frac{4}{5} - \frac{2}{5}$ = R. $\frac{2}{5}$.
456. $\frac{2}{3} - \frac{1}{4}$ = R. $\frac{5}{12}$.
457. $\frac{21}{41} - \frac{13}{42}$ = R. $\frac{349}{1722}$.
458. $4\frac{1}{2} - 3\frac{1}{3}$ = R. $1 + \frac{1}{6}$.

459. $\frac{9}{9} - \frac{5}{9} =$ R. $\frac{4}{9}$.

460. $1 - \frac{47}{60} =$ R. $\frac{13}{60}$.

461. $3\frac{1}{2} - 1\frac{3}{4} =$ R. $1 + \frac{3}{4}$.

462. $152\frac{1}{2} - 3\frac{3}{4} =$ R. 148 k. $\frac{3}{4}$.

463. $5\frac{3}{4} - 1\frac{2}{5} =$ R. 4 k. $\frac{7}{20}$.

464. $48\frac{4}{3} - 41 =$ R. 7 k. $\frac{3}{4}$.

465. $\frac{4}{3} - \frac{3}{4}$ ou $\frac{16}{12} - \frac{9}{12} =$ R. $\frac{7}{12}$ de mètre.

466. La première fait $\frac{5}{4}$, et l'autre $\frac{6}{5}$ de lieue par heure, $\frac{25}{20} - \frac{24}{20} =$ R. $\frac{1}{20}$ de lieue.

467. $\frac{14}{13} - \frac{23}{5}$ ou $\frac{70}{15} - \frac{69}{15} =$ R. le premier $\frac{1}{15}$ de fagot de plus que l'autre.

468. $56\frac{2}{3} - 28\frac{3}{4} =$ R. 27 degrés 55 minutes.

469. $1002\frac{3}{4} - 900\frac{1}{2} =$ R. 102 mètres $\frac{1}{4}$.

Multiplication.

470. $\frac{2}{3} \times 2 =$ R. $1 + \frac{1}{3}$.

471. $6 \times \frac{3}{7} =$ R. $2 + \frac{4}{7}$.

472. $\frac{3}{5} \times \frac{1}{2} =$ R. $\frac{3}{10}$.

473. $\frac{11}{15} \times \frac{3}{7} =$ R. $\frac{33}{105}$ ou $\frac{11}{35}$.

474. $\frac{118}{1133} \times 105 =$ R. $10 + \frac{824}{1133}$.

475. $2\frac{2}{3} \times 4 =$ R. $10 + \frac{2}{3}$.

476. $10\frac{1}{3} \times 3\frac{1}{11} =$ R. $31 + \frac{31}{33}$.

477. Le tiers de 88 est $\frac{88}{3}$; les $\frac{2}{3}$ seront donc $\frac{88 \times 2}{3} =$ R. $58 + \frac{2}{3}$.

478. $\frac{5}{7}$ divisé par $5 = \frac{1}{7}$; $\frac{1}{7} \times 3 = \frac{3}{7}$. R. $\frac{3}{7}$.

479. $\frac{48}{2 \times 3} =$ R. 8.

480. Les $\frac{3}{4}$ de 56 sont $\frac{56 \times 3}{4} = 42$; $\frac{42 \times 2}{3} =$ R. 28.

481. $\frac{5}{8} \times 6 = 3{,}75$; $30 \times 6 = 180$; $180 + 3{,}75 =$ R. 183f,75.

482. $10 \times \frac{17}{10} =$ R. 17 fr.

483. $\frac{28 \times 4}{7} =$ R. 16.

484. Les $\frac{3}{17}$ de 148 sont $\frac{148\times3}{17}$ ou $\frac{444}{17}$; $148 \times 17 = \frac{2516}{17}$; $\frac{2516}{17} - \frac{444}{17} =$ R. $\frac{2072}{17}$ ou 121 kilog. à payer $+ \frac{15}{17}$.

485. Les $\frac{2}{100}$ de 548 sont $\frac{548\times2}{100}$, ou $\frac{1096}{100} =$ R. 10 fr. $\frac{24}{25}$ de rabais.

486. Les $\frac{2}{5}$ de $48 = \frac{48\times2}{5} =$ R. 19 $\frac{1}{5}$ le 1er jour. Le $\frac{1}{3}$ de 48 est $\frac{48}{3} =$ R. 16 myriamètres le 2e jour; $48 - 19\frac{1}{5} + 16$ = R. 12 myriamètres $\frac{4}{5}$ à faire le 3e jour.

487. Cinq litres en tout, $\frac{3}{5}$ de vin et $\frac{2}{5}$ d'eau-de-vie.

Il faut les $\frac{3}{5}$ des $\frac{3}{4}$ pour le vin, $\frac{3\times3}{5\times4} =$ R. $\frac{9}{20}$ de vin. Les $\frac{2}{5}$ de $\frac{3}{4} = \frac{2\times3}{5\times4} = \frac{6}{20} =$ R. $\frac{3}{10}$ pour l'eau-de-vie.

488. $1\frac{1}{2} \times 23\frac{3}{4} =$ R. 35 litres $\frac{5}{8}$.

489. La moitié $= 9\frac{1}{2} \times \frac{27}{99} =$ 2f,59 $+ \frac{18}{198}$.

Les $\frac{2}{3}$ du prix $= \frac{18}{99} \times 9\frac{1}{2} =$ 1f,72 $+ \frac{144}{198}$;

2f,59 $\frac{18}{198}$ + 1f,72 $\frac{144}{198}$ = R. 4f,31 $+ \frac{9}{11}$.

Division.

490. $12 : \frac{2}{5} =$ R. 30.

491. $\frac{1}{2} : \frac{2}{3} =$ R. $\frac{3}{4}$.

492. $\frac{7}{15} : 2\frac{1}{3} =$ R. $\frac{21}{105}$.

493. $2\frac{1}{2} : 2 =$ R. $1 + \frac{1}{4}$.

494. $100\frac{2}{3} : 18\frac{1}{12} =$ R. $5 + \frac{369}{651}$.

495. Il faut diviser l'argent par la quantité achetée, c'est-à-dire, 12 fr. par $\frac{2}{3} = 12 \times \frac{3}{2} = 36 =$ R. 18 fr. le mètre.

496. $96 : 8\frac{3}{4} = 96 \times \frac{4}{35} =$ R. 10 fr. $\frac{34}{35}$.

497. $24 : \frac{3}{4} = 24 \times \frac{4}{3} =$ R. 32 morceaux.

498. $10 : \frac{4}{5} = \frac{50}{4} =$ R. 12 heures $\frac{1}{2}$.

499. Le premier fait $\frac{2}{3}$ par heure, et le deuxième $\frac{3}{4}$; $\frac{3}{4} : \frac{2}{3} = \frac{9}{8}$, donc le deuxième fait $\frac{1}{8}$ de plus que l'autre, la vitesse du premier étant prise pour 1.

500. 3553m $\frac{1}{3} : \frac{3}{7} =$ R. $7777 + \frac{7}{9}$.

501. Le premier fait $\frac{3}{4}$ de mètre par seconde, le second fera

les 480 mètres dans un temps marqué par 480 : $\frac{4}{3}$ = 360 secondes. Le deuxième fait $\frac{5}{4}$ de mètre; 480 : $\frac{5}{4}$ = 384 secondes. 384 — 360 = R. 24 secondes.

502. $35\frac{3}{4} : 2\frac{1}{2} = 143 \times \frac{2}{5}$ = R. 14 jours $\frac{3}{10}$.

503. $3 : \frac{2}{7} = 3 \times \frac{7}{2}$ = R. 10 jours $\frac{1}{2}$.

504. $\frac{2}{3} : \frac{3}{11} = \frac{2}{3} \times \frac{11}{3} = \frac{22}{9}$ = R. 2 jours $\frac{4}{9}$.

505. $290\frac{1}{3} : 1\frac{3}{4} = \frac{871}{3} \times \frac{4}{7}$ = R. 165 habits $\frac{19}{21}$.

Fractions ordinaires réduites en décimales.

506. $\frac{1}{5}$ = R. 2 décimètres.

507. $\frac{1}{2}$ = R. 5 décilitres.

508. $\frac{1}{8}$ = R. 125 millièmes.

509. $\frac{1}{7}$ = R. 14 centimes + $\frac{2}{7}$.

510. $\frac{4}{9}$ = R. 444grammes,44 + $\frac{4}{9}$.

511. $\frac{5}{8}$ = R. 62 mètres carrés 50 déci.

512. $\frac{120}{264}$ = R. $\frac{5}{11}$ = R. 45 centièmes + $\frac{5}{11}$.

Fractions décimales réduites en fractions ordinaires.

513. 0,70 = R. $\frac{70}{100}$.

514. 0,9 = R. $\frac{9}{10}$.

515. 0,85 = R. $\frac{85}{100}$.

516. 0,444 = R. $\frac{444}{1000}$.

517. 0ares,640708 = R. $\frac{640708}{1000000}$.

PROPORTIONS.

518. 10 : 100 :: 20 : x, $\frac{20\times100}{10}$ = R. 200.

519. 18 : 24 :: x : 48, $\frac{48\times18}{24}$ = R. 36.

520. 50 : x :: 300 : 96, $\frac{96\times50}{300}$ = R. 16.

521. x : 5 :: 500 : 50, $\frac{5\times500}{50}$ = R. 50.

522. $\frac{1}{12} : \frac{2}{3} :: \frac{1}{6} : x$, $(\frac{2}{3} \times \frac{1}{6}) : \frac{1}{12} =$ R. $1\frac{1}{3}$.

523. $\frac{1}{10} : \frac{4}{15} :: \frac{6}{8} : x$, $(\frac{4}{15} \times \frac{6}{8}) : \frac{1}{10} =$ R. 2.

524. $\frac{7}{13} : x :: \frac{1}{14} : \frac{1}{8}$, $(\frac{7}{13} \times \frac{1}{8}) : \frac{1}{14} =$ R. $\frac{49}{52}$.

525. $42 \times 5 : 8 :: 9 \times 3 : x$, $(9 \times 3 \times 8) : 42 \times 5 =$ R. $1\,\frac{3}{105}$.

526. $x \times 70 : 9 :: 8 \times 40 : 12 \times 60$; $(8 \times 40 \times 9) : 12 \times 60 \times 70 =$ R. $\frac{2}{35}$.

RÈGLE DE TROIS SIMPLE ET DIRECTE.

527. $12 : 3 :: 20 : x$, $\frac{3 \times 20}{12} =$ R. 5 fr.

528. $15 : 20 :: 3 : x$, $\frac{20 \times 3}{15} =$ R. 4 fr.

529. $6 : 18 :: 9 : x$, $\frac{18 \times 9}{6} =$ R. 27 fr.

530. $12 : 60 :: 15 : x$, $\frac{60 \times 15}{12} =$ R. 75 fr.

531. $14 : 84 :: 10 : x$, $\frac{84 \times 10}{14} =$ R. 60 fr.

532. $54 : 37{,}8 :: 27 : x$, $\frac{37{,}8 \times 27}{54} =$ R. 18f,9.

533. $18 : 54 :: 15 : x$, $\frac{54 \times 15}{18} =$ R. 45 fr.

534. $15 : 45 :: 18 : x$, $\frac{45 \times 18}{15} =$ R. 45 fr.

535. $25 : 43{,}75 :: 15 : x$, $\frac{43{,}75 \times 15}{25} =$ R. 26f,25.

536. $15 : 105 :: 47 : x$, $\frac{105 \times 47}{15} =$ R. 329 mètres.

537. $329 : 47 :: 105 : x$, $\frac{47 \times 105}{329} =$ R. 15 ouvriers.

538. $9 : 54 :: 36 : x$, $\frac{54 \times 36}{9} =$ R. 216 fr.

539. $7 : 35 :: 21 : x$, $\frac{35 \times 21}{7} =$ R. 105 mètres.

540. $21 : 105 :: 7 : x$, $\frac{105 \times 7}{21} =$ R. 35 fr.

541. $42 : 84 :: 140 : x$, $\frac{140 \times 84}{42} =$ R. 280 ouvriers.

542. $42 : 210 :: 126 : x$, $\frac{210 \times 126}{42} =$ R. 630 fr.

543. $24 : 46 :: 60 : x$, $\frac{60 \times 46}{24} =$ R. 115 fr.

544. $47 : 329 :: 15 : x$, $\frac{329 \times 15}{47} =$ R. 105 paires.

545. $15 : 540 :: 45 : x$, $\frac{540 \times 45}{15} =$ R. 1620 kilomètres.

546. $6 : 2 :: 108 : x$, $\frac{108 \times 2}{6}$ = R. 36 mètres.

547. $500 : 41400 :: 315 : x$, $\frac{41400 \times 315}{500}$ = R. 26082 fr.

548. $82,10 : 11 :: 738,90 : x$, $\frac{11 \times 738,90}{82,10}$ = R. 99 mèt.

549. $45 : 27 :: 67 : x$, $\frac{27 \times 67}{45}$ = R. 40f,20.

550. $35 : 7 :: 105 : x$, $\frac{105 \times 7}{35}$ = R. 21 mois.

551. $25 : 20,65 :: 75 : x$, $\frac{20,65 \times 75}{25}$ = R. 61f,95.

552. 17f,15 : 49 :: 94,15 : x, $\frac{49 \times 94,15}{17,15}$ = R. 269 kilog.

553. $100 : 136,2 :: 35 : x$, $\frac{136,2 \times 35}{100}$ = R. 47f,67.

554. $21 : 0,18 :: 14 : x$, $\frac{0,18 \times 14}{21}$ = R. 0f,12 centimes.

555. $450 : 90 :: 130,35 : x$, $\frac{130,35 \times 90}{450}$ = R. 26f,07.

556. $12 : 1,5 :: 184 : x$, $\frac{184 \times 1,5}{12}$ = R. 23 francs.

557. $1 : 37,5 :: 148 : x$, $\frac{148 \times 37,5}{1}$ = R. 5550 francs.

558. $6 : 10,80 :: 24 : x$, $\frac{10,80 \times 24}{6}$ = R. 43f,20.

559. $20 \times 0,65 = 13$ francs en détail; $13 - 12,5$ = R. 5 décimes.

560. $15 : 27 :: 2 : x$, $\frac{27 \times 2}{15}$ = 3 minutes 36 secondes que mettra la première à fournir 27 litres que la seconde a fourni. Leur abondance est la même.

561. Le premier cheval franchit 2 lieues $\frac{1}{2}$ dans un nombre de minutes marqué par le quatrième terme de la proportion $3 : 2\frac{1}{2} :: 32 : x$, $\frac{32 \times 2\frac{1}{2}}{3}$ = 26 minutes $\frac{2}{3}$; le deuxième cheval franchit cet espace en 28 minutes; $26\frac{2}{3} = \frac{80}{3}$; $28 \times$

$3 = \frac{84}{3}$. $\frac{84}{80} = 1\frac{1}{20}$; la vitesse du premier est d'un 20e plus grande que celle du second.

RÈGLE DE TROIS SIMPLE ET INVERSE.

562. $\frac{15\times12}{10}$ = R. 18 ouvriers.

563. $\frac{0,75\times3}{5}$ = R. 45 centimes.

564. $\frac{1200\times3}{4}$ = 9000; 12000 — 9000 = R. 3000 hommes.

565. $\frac{9745\times80}{5847}$ = R. 133 + $\frac{1}{3}$.

566. $\frac{88\times24}{36}$ = R. 58 jours 16 heures.

567. $\frac{12\times6}{8}$ = R. 9 jours.

568. $\frac{12\times7}{10}$ = R. 8 kilog. 4 hectogrammes.

569. $\frac{300\times84}{72}$ = R. 350 mètres.

570. $\frac{352\times1\frac{1}{8}}{396}$ = R. 1 mètre.

571. $\frac{18,45\times5}{15}$ = R. 1f,30.

572. $\frac{459\times0,24}{612}$ = R. 0,18 centimes.

573. $\frac{4600\times14}{3220}$ = R. 20 mois.

574. $\frac{14\times15}{23}$ = R. 9 heures $\frac{3}{23}$.

575. $\frac{500\times12}{600}$ = R. 10 mois.

576. $\frac{4\times3}{2}$ = R. 6 mètres.

577. $\frac{198,90\times3}{132,60}$ = R. 4 kilolitres 5 hectol.

578. $\frac{6\frac{2}{3}\times15}{6}$ = R. 16 jours 8 heures.

579. $\frac{15\times11\frac{1}{2}}{13\frac{4}{5}}$ = R. 12 jours 0,5 ou $\frac{1}{2}$.

580. $\frac{6\times7460}{15}$ = R. 2984 francs.

RÈGLE DE TROIS COMPOSÉE.

581. $6000 + 400 \times 10 = 64000 : 6000 \times 6 :: 6 : x = \frac{216000}{64000} =$ R. 3 hectog. 375.

582. $60 \times 5 : 35 \times 9 :: 20 : x = \frac{35 \times 9 \times 20}{60 \times 5} =$ R. 21 jours.

583. $13 \times 12 : 9 \times 10 :: 35 : x = \frac{9 \times 10 \times 35}{13 \times 12} =$ R. 20 jours $\frac{5}{26}$.

584. $24 \times 12 : 42 \times 10\frac{2}{7} :: 28 : x = \frac{42 \times 10\frac{2}{7} \times 28}{24 \times 12} =$ R. 42 jours.

585. $30\frac{1}{4} \times 12 : 66 \times 11 :: 5 : x = \frac{66 \times 11 \times 5}{30\frac{1}{4} \times 12} =$ R. 10 ouvriers.

586. $4056{,}25 \times 4 : 5900 \times 5\frac{1}{2} :: 2\frac{1}{2} : x = \frac{5900 \times 5\frac{1}{2} \times 2\frac{1}{2}}{4056{,}25 \times 4} =$ R. 5 ans.

587. $16 \times 8 : 12 \times 9 :: 14 : x = \frac{12 \times 9 \times 14}{16 \times 8} =$ R. 11 hommes $\frac{13}{16}$.

588. $60 \times 30 : 48 \times 25 :: 4{,}5 : x = \frac{48 \times 25 \times 4{,}5}{60 \times 30} =$ R. 3 mètres.

589. $39\frac{5}{12} \times 12 : 64\frac{1}{2} \times 11 :: 6 : x = \frac{64\frac{1}{2} \times 11 \times 6}{39\frac{5}{12} \times 12} =$ R. 9 hommes.

590. $5 \times 0{,}6 : 4 \times 0{,}45 :: 96 : x = \frac{4 \times 0{,}45 \times 96}{5 \times 0{,}6} =$ R. 57 mètres 60 cent.

591. $10 \times 48 : 12 \times 25 :: 27 : x = \frac{12 \times 25 \times 27}{10 \times 48} =$ R. 16 mètres 875 millièmes.

592. $6 \times 5 : 8 \times 4 :: 4500 : x = \frac{4500 \times 8 \times 4}{6 \times 5} =$ R. 4800 francs.

593. $30 \times 4 : 6 \times 90 :: 2 : x = \frac{6 \times 90 \times 2}{30 \times 4} =$ R. 9 hommes.

594. $90 \times 6 : 30 \times 4 :: 9 : x = \frac{9 \times 4 \times 30}{90 \times 6} =$ R. 2 hommes.

595. $90 \times 2 : 30 \times 9 :: 4 : x = \frac{30 \times 9 \times 4}{90 \times 2} =$ R. 6 jours.

596. $30 \times 9 : 90 \times 2 :: 6 : x = \frac{90 \times 2 \times 6}{30 \times 9} =$ R. 4 jours.

597. $1317 \times 20 : 439 \times 30 :: 60 : x = \frac{439 \times 30 \times 60}{1317 \times 20} =$ R. 30 j.

598. $12 \times 20 : 11{,}2 \times 30 :: 15 : x = \frac{11{,}2 \times 30 \times 15}{12 \times 20} =$ R. 21 myriagrammes.

599. $48 \times 380 : 133 \times 240 :: 4 : x = \frac{133 \times 240 \times 4}{48 \times 380} =$ R. 7 ans.

600. $216 \times 3 : 144 \times 9 :: 4 : x = \frac{144 \times 9 \times 4}{216 \times 3} =$ R. 8 hommes.

601. $5 \times 16 : 30 \times 12 :: 100 : x = \frac{30 \times 12 \times 100}{5 \times 16} =$ R. 450 francs.

602. $408,5 \times 25 : 817 \times 50 :: 19 : x = \frac{817 \times 50 \times 19}{408,5 \times 25} =$ R. 76 jours.

603. $135 \times 43 \times 35 : 72,8 \times 54 \times 48 :: 10 : x = \frac{72,8 \times 54 \times 48 \times 10}{135 \times 43 \times 35} =$ R. 9 mètres $\frac{19}{43}$.

604. $8 \times 10 \times \frac{6}{6} : 18 \times 6 \times \frac{5}{6} :: 12 : x = \frac{18 \times 6 \times \frac{5}{5} \times 12}{8 \times 10 \times \frac{6}{6}} =$ R. 13 heures $\frac{1}{2}$.

605. $7 \times 11\frac{4}{7} \times \frac{9}{9} : 10 \times 9\frac{3}{5} \times \frac{7}{9} :: 105 : x = \frac{10 \times 9\frac{3}{5} \times \frac{7}{9} \times 105}{7 \times 11\frac{4}{7} \times \frac{9}{9}} =$ R. 96 jours $\frac{64}{81}$.

606. $56 \times 20 \times 9 : 42 \times 14 \times 12 :: 10 : x = \frac{42 \times 14 \times 12 \times 10}{56 \times 20 \times 9} =$ R. 7 hommes.

607. $40 \times 8 : 50 \times 13\frac{3}{4} :: 24 : x = \frac{50 \times 13\frac{3}{4} \times 24}{40 \times 8} =$ R. 51 jours $\frac{9}{16}$.

608. $25 \times 450 : 30 \times 500 :: 12 : x = \frac{30 \times 500 \times 12}{25 \times 450} =$ R. 16 mois.

609. $878,75 \times 7 : 2363,375 \times 50 :: 19 : x = \frac{2363,375 \times 50 \times 19}{878,75 \times 7} =$ R. 365 jours.

610. $126 \times 23 : 168 \times 24 :: 11\frac{1}{2} : x = \frac{168 \times 24 \times 11\frac{1}{2}}{126 \times 23} =$ R. 8 heures.

RÈGLE D'INTÉRÊT.

611. $\frac{800 \times 4}{100} =$ R. 32 francs.

612. $\frac{32 \times 100}{800} =$ R. 4 francs.

613. $\frac{32 \times 100}{4} =$ R. 800 francs.

614. $\frac{100 \times 32}{800 \times 4 \times x}$ = R. 1 an.

615. $24000 \times 7 = 168000$; $\frac{7000 \times 100}{168000}$ = R. $4\frac{28}{168}$.

616. $2046 \times 11 = 22506$; $\frac{1023 \times 100}{22506}$ = R. 4 fr. $5\frac{10230}{22506}$.

617. $9000 \times 8 = 72000$; $\frac{3600 \times 100}{72000}$ = R. au denier 20.

618. $\frac{20,75 \times 5}{100}$ = 1 fr. 0375 ; $20,75 + 1,0375$ = R. 21 fr. 7875.

619. $\frac{827,4 \times 5}{100} = 41,37 \times 3\frac{1}{2} + 827,4$ = R. 972 fr. 195.

620. $\frac{12000 \times 4}{100} = \frac{480 \times 16}{100} = 76,80$; $480 - 76,8$ = R. 403 fr. 20 centimes.

621. $100 - 16 = 84 : 403,20 :: 100 : x$, $\frac{403,2 \times 100}{84} = 480 = \frac{480 \times 16}{100} = 76,80$. $\frac{403,20 + 76,8}{12000}$ = R. 4 pour %.

622. $\frac{875 \times 5}{100}$ = R. 43 fr. 75.

623. $\frac{14700 \times 4}{100} = 588 \times 6 = 3528$ fr. pour 6 ans. $\frac{588}{2} = 294$; $\frac{294}{12} = 24,5$; $3528 + 294 + 24,5$ = R. 3846 fr. 5.

624. $\frac{8000 \times 4,5}{100} = 360$. $8000 + 360$ = R. 8360 francs.

625. $\frac{450 \times 100}{10}$ = R. 4500 francs.

626. $\frac{360 \times 0,5}{100}$ = 1 fr. 80 pour 1 mois. $1,8 \times 6 = 10$ fr. 8 ; 1,8 multiplié par $\frac{1}{5}$ = 0f,36 ; le $\frac{1}{3}$ de $0,36 = 0,12$, $10,8 + 0,36 + 0,12$ = R. 11 fr. 28.

627. $\frac{24000 \times 7}{24}$ = R. 7000 fr.

628. $\frac{7000 \times 24}{7}$ = R. 24000 fr.

629. $\frac{7000 \times 24}{24000}$ = R. 7 ans.

630. $\frac{217,50 \times 22 \times 12 \times 30}{6600}$ = R. 8 mois 21 jours.

INTÉRÊT DES INTÉRÊTS.

631. $\frac{6000\times5}{100} = 300$; $300 + 6000 = 6300$; $\frac{6300\times5}{100} = 315$; $315 + 6300 = 6615$; $\frac{6615\times5}{100} = 330{,}75$; $6000 + 300 + 315 + 330{,}75 =$ R. 6945 fr. 75.

632. $\frac{3000\times4}{100} = 120$; $120 + 3000 = 3120$; $\frac{3120\times4}{100} =$ 124 fr. 8 ; $3120 + 124{,}8 =$ R. 3244 fr. 80.

633. Autre méthode. $\frac{104}{100} = 1{,}04 \times 1{,}04 \times 1{,}04 \times 1{,}04 \times 1{,}04 = 1{,}2166529024 \times 8000 =$ R. 9733 fr. 2232192.

634. $\frac{105}{100} = 1{,}05 \times 1{,}05 \times 1{,}05 \times 1{,}05 = 1{,}21550625 \times 3200 =$ R. 3889 fr. 62.

RÈGLE D'ESCOMPTE.

635. $\frac{150\times96}{100} =$ R. 144 francs.

636. $9000 - 7920 = \frac{1080}{3} = \frac{360}{90} =$ R. 4 francs.

637. $\frac{300}{4} = \frac{75}{5} = 15 \times 100 =$ R. 1500 francs.

638. $\frac{10000\times5}{100} = 500$; 500×20 ans $= 10000 =$ R. 5 francs.

639. $1120 \times 95 = \frac{106400}{100} =$ R. 1064.

640. $1120 - 1064 = 56$; $\frac{1120\times5}{100} = 56 =$ R. en 1 an.

641. $600 - 570 = \frac{30}{6} =$ R. à 5 pour %.

642. $6 \times 3 = 18$; $100 - 18 = 82$; $\frac{18000\times82}{100} =$ R. 14760 francs.

643. $10000 \times 0{,}2 = \frac{2000 \text{ fr.} \times 95}{100} =$ R. 19000 fr.

644. $\frac{9800\times10}{100} = \frac{980}{36} = 27$ fr. $\frac{8}{36}$; $9800 - 27\frac{8}{36} =$ R. 9772 f $\frac{28}{36}$.

RÈGLE DE SOCIÉTÉ SIMPLE.

645. $21 + 30 + 24 = 75 : 25 :: \left\{\begin{array}{l} 21 \\ 30 : x = \text{R.} \\ 24 \end{array}\right. \left\{\begin{array}{l} 7 \text{ fr.} \\ 10 \text{ fr.} \\ 8 \text{ fr.} \end{array}\right.$

$$646.\ 42 : 26 :: \left\{\begin{array}{l} 14 \\ 13 \\ 15 \end{array}\right. : x = \text{R.} \left\{\begin{array}{l} 89^{f},33\text{, reste } 14. \\ 82^{f},95\text{, reste } 16. \\ 95^{f},71\text{, reste } 18. \end{array}\right.$$

$$647.\ 10544 : 8642 :: \left\{\begin{array}{l} 2600 \\ 2894 \\ 1970 \\ 3080 \end{array}\right. : x = \text{R.} \left\{\begin{array}{l} 2130^{f},99\text{, reste } 4144 \\ 2371^{f},96\text{, reste } 176 \\ 1614^{f},63\text{, reste } 8128 \\ 2524^{f},40\text{, reste } 8640 \end{array}\right.$$

$$648.\ 1250 : 150 :: \left\{\begin{array}{l} 275 \\ 475 \\ 500 \end{array}\right. : x = \text{R.} \left\{\begin{array}{l} 33\text{ fr.} \\ 57\text{ fr.} \\ 60\text{ fr.} \end{array}\right.$$

$$649.\ 43050 : 10000 :: \left\{\begin{array}{l} 8500 \\ 10075 \\ 11825 \\ 12650 \end{array}\right. : x = \text{R.} \left\{\begin{array}{l} 1974\text{ fr. }44\text{, reste } 35807 \\ 2340\text{ fr. }30\text{, reste } 8500 \\ 2746\text{ fr. }80\text{, reste } 26000 \\ 2938\text{ fr. }44\text{, reste } 15800 \end{array}\right.$$

650. 434 k, 5×4 fr. $6 = 1998,7 - 986 = 1012,7$; 1286×15 fr. $7 = 20190$ fr. $2 - 1998$ fr. $7 = 18191$ fr. 5 de profit.

$$1998,7 : 18191,5 :: \left\{\begin{array}{l} 986 \\ 1012,7 \end{array}\right. : x = \text{R.} \left\{\begin{array}{l} 8974\text{ fr. }24\text{, reste } 55120 \\ 9217\text{ fr. }25\text{, reste } 144750 \end{array}\right.$$

$$651.\ 150 : 90 :: \left\{\begin{array}{l} 35\text{ fr. }50 \\ 48\text{ fr.} \\ 66\text{ fr. }5 \end{array}\right. : x = \text{R.} \left\{\begin{array}{l} 21\text{ fr. }30 \\ 28\text{ fr. }80 \\ 39\text{ fr. }90 \end{array}\right.$$

652. $13 + 11 + 8 + 7 = 39$; $45000 + 26877 = 71877$ fr. à partager.

$$39 : 71877 :: \left\{\begin{array}{l} 13 \\ 11 \\ 8 \\ 7 \end{array}\right. : x = \text{R.} \left\{\begin{array}{l} 23959\text{ fr.} \\ 20273\text{ fr.} \\ 14744\text{ fr.} \\ 12901\text{ fr.} \end{array}\right.$$

$$653.\ 750 : 360 :: \left\{\begin{array}{l} 400 \\ 350 \end{array}\right. : x = \text{R.} \left\{\begin{array}{l} 192\text{ fr.} \\ 168\text{ fr.} \end{array}\right.$$

$$654.\ 730 : 25000 :: \left\{\begin{array}{l}150\\280\\300\end{array}\right. : x = \text{R.} \left\{\begin{array}{l}5136 \text{ fr. } 98, \text{ reste } 460\\9589 \text{ fr. } 04, \text{ reste } 80\\10273 \text{ fr. } 97, \text{ reste } 190\end{array}\right.$$

$$655.\ 21 : 260 :: \left\{\begin{array}{l}5\\6\\10\end{array}\right. : x = \text{R.} \left\{\begin{array}{l}61 \text{ fr. } 90, \text{ reste } 10\\74 \text{ fr. } 28, \text{ reste } 12\\123 \text{ fr. } 80, \text{ reste } 20\end{array}\right.$$

$3000 + 3500 + 2600 = 9100$; $12000 - 9100 = 2900$, part du 4^e^.

$$656.\ 12000 : 30000 :: \left\{\begin{array}{l}3000\\3500\\2600\\2900\end{array}\right. : x = \text{R.} \left\{\begin{array}{l}7500 \text{ fr.}\\8750 \text{ fr.}\\6500 \text{ fr.}\\7250 \text{ fr.}\end{array}\right.$$

$$657.\ 480 : 120 \text{ fr. } 5 :: \left\{\begin{array}{l}240\\160\\80\end{array}\right. : x = \text{R.} \left\{\begin{array}{l}60 \text{ fr. } 25\\40 \text{ fr. } 16\frac{2}{3}\\20 \text{ fr. } 08\frac{1}{3}\end{array}\right.$$

658. $3000 + 2625 + 1875 = 7500$ fr.

$$7500 : 4500 :: \left\{\begin{array}{l}3000\\2625\\1875\end{array}\right. : x = \text{R.} \left\{\begin{array}{l}1800 \text{ fr.}\\1575 \text{ fr.}\\1125 \text{ fr.}\end{array}\right.$$

RÈGLE DE SOCIÉTÉ COMPOSÉE.

659. $300 \times 13 = 3900$; $450 \times 12 = 5400$; $600 \times 15 = 9000$. $3900 + 5400 + 9000 = 18300$, somme des mises

$$18300 : 500 :: \left\{\begin{array}{l}3900\\5400\\9000\end{array}\right. : x = \text{R.} \left\{\begin{array}{l}106 \text{ fr. } 557, \text{ reste } 69\\147 \text{ fr. } 54, \text{ reste } 18\\245 \text{ fr. } 90, \text{ reste } 30\end{array}\right.$$

660. $126 \times 18 = 2268$; $180 \times 24 = 4320$; $200 \times 15 = 3000 + 2268 + 4320 = 9588$.

$$9588 : 268 :: \left\{\begin{array}{l}2268\\4320\\3000\end{array}\right. : x = \text{R.} \left\{\begin{array}{l}63 \text{ fr. } 39, \text{ reste } 4068\\120 \text{ fr. } 75, \text{ reste } 900\\83 \text{ fr. } 85, \text{ reste } 4620\end{array}\right.$$

661. $1200 \times 8 = 9600$; $1450 \times 6 = 8700$; $2000 \times 4 = 8000 + 9600 + 8700 = 26300$.

$$26300 : 1800 :: \left\{\begin{array}{l} 9600 \\ 8700 \\ 8000 \end{array}\right. : x = \text{R.} \left\{\begin{array}{l} 657 \text{ fr. } 03, \text{ reste } 111 \\ 595 \text{ fr. } 43, \text{ reste } 191 \\ 547 \text{ fr. } 52, \text{ reste } 224 \end{array}\right.$$

662. $1800 \times 24 = 43200$; $2100 \times 17 = 35700 + 43200 = 78900$.

$$78900 : 420 :: \left\{\begin{array}{l} 43200 \\ 35700 \end{array}\right. : x = \text{R.} \left\{\begin{array}{l} 229 \text{ fr. } 96, \text{ reste } 156 \\ 190 \text{ fr. } 03, \text{ reste } 633 \end{array}\right.$$

663. $18 \times 8 = 144$; $12 \times 10 = 120 + 144 = 264$.

$$264 : 140 :: \left\{\begin{array}{l} 144 \\ 120 \end{array}\right. : x = \text{R.} \left\{\begin{array}{l} 76 \text{ fr. } 36, \text{ reste } 264 \\ 63 \text{ fr. } 63, \text{ reste } 168 \end{array}\right.$$

664. $100 \times 3 = 300$; $250 \times 2 = 500 + 300 + 125 = 925$. $350 \times 4 = 1400$; $400 \times 3 = 1200 + 1400 = 2600$; $2600 + 925 = 3525$.

$$3525 : 4500 :: \left\{\begin{array}{l} 925 \\ 2600 \end{array}\right. : x = \text{R.} \left\{\begin{array}{l} 1180 \text{ fr. } 85, \text{ reste } 375 \\ 3319 \text{ fr. } 14, \text{ reste } 3150 \end{array}\right.$$

665. $1600 \times 15 = 24000$; $1257 \times 24 = 30168 + 24000 = 54168$.

$$54168 : 225{,}7 :: \left\{\begin{array}{l} 24000 \\ 30168 \end{array}\right. : x \text{ R.} \left\{\begin{array}{l} 100 \text{ fr.} \\ 125 \text{ fr. } 7 \end{array}\right.$$

666. $800 \times 30 = 24000$; $500 \times 25 = 12500$; $995 \times 35 = 34825 + 24000 + 12500 = 71325$.

$$71325 : 4550 :: \left\{\begin{array}{l} 24000 \\ 12500 \\ 34825 \end{array}\right. : x = \text{R.} \left\{\begin{array}{l} 1531 \text{ fr. } 01, \text{ reste } 71175 \\ 797 \text{ fr. } 40, \text{ reste } 44500 \\ 2221 \text{ fr. } 57, \text{ reste } 26975 \end{array}\right.$$

RÈGLE DES MOYENNES.

667. $5 + 4 + 3 = 12$; $\frac{12}{3} =$ R. 4.

668. $4 + 6 + 8 + 10 = 28$; $\frac{28}{4} =$ R. 7.

669. $12 + 15 + 17 + 20 = 64$; $\frac{64}{4} =$ R. 16.

670. $197 + 201 + 198 + 200{,}38 = \frac{796.38}{4} =$ R. $199^{m},09$.

671. $650 + 710 + 675 + 809 + 923 = \frac{3767}{5} =$ R. 753 fr. 40

672. $7\frac{1}{3} + 8\frac{1}{4} + 9 = \frac{24\frac{7}{12}}{3} =$ R. 8 minutes $\frac{7}{36}$.

673. $30 + 27 + 38 + 21 = \frac{116}{4} =$ R. 29 kilomètres.

674. $9^{o} + 11^{o}\frac{1}{2} + 13^{o} + 8^{o} + 10^{o}\frac{1}{3} = \frac{50\frac{5}{6}}{5} =$ R. 10 degrés $\frac{11}{30}$.

675. $\frac{34}{7} =$ R. 4 centimètres 857 $\frac{1}{7}$.

676. $24 + 29 + 26 + 30 + 22 + 25 = \frac{156}{6} =$ R. 26 kilom.

677. $560 \times 19 = 10640$; $590 \times 6 = 3540$; $600 \times 6 = 3600$; $550 \times 4 = 2200 + 10640 + 3540 + 3600 = \frac{19980}{35} =$ R. 570 mètres $\frac{6}{7}$.

678. $8 + 9 + 10 + 11 + 12 + 9 = 59$; $\frac{569}{59} =$ R. 9 jours $\frac{38}{59}$.

679. $240 + 249 + 200 = 689$; $40 + 50 + 80 = 170$; $\frac{689}{170} =$ R. 4 fr. $\frac{9}{170}$.

680. $\frac{77 \times 8}{8 + 7,7 + 7,3 + 7,4 + 6,95 + 6,45 + 10} =$ R. 5 jours $\frac{1}{9}$.

681. $8 \times 5 = 40$; $4 \times 6 = 24$; $6 \times 3 = 18$; $5 \times 2 = 10$; $(40 + 24 + 18 + 10) = 552$ f. ; $800 - 552 =$ 1re R. 248 fr. ; $248 \times 52 =$ 2e R. 12896 fr.

RÈGLE DE MÉLANGE ET D'ALLIAGE.

682. $\frac{(20 \times 0^{f},30) + 40 \times 0^{f},45}{60} =$ R. 0 fr. 40 le litre.

683. $\frac{3,50 + 4 + 4,20 + 4,80}{4} =$ R. 4 fr. 125.

684. $\frac{(12 \times 3) + 18 + 20}{5} =$ R. 14 fr. 80.

685. $\frac{0,35 + 0,45}{2} =$ R. 0 fr. 40.

686. $9999 \times \frac{2}{3} \times 2^{f},8 = 18664^{f},8$ de cuivre; $9999 \times \frac{1}{3} \times 2,15 = 7165^{f},95$ d'étain; $18664^{f},8 + 7165,95 =$ R. $25830^{f},75$.

687. $60 \times 8 = 480$; $70 \times 9 = 630$; $80 \times 10 = 800$; $90 \times 11 = 990$; $480 + 630 + 800 + 990 + 4bo = 3060$ fr.; $60 + 70 + 80 + 90 = 300$; $\frac{3060}{300} =$ R. 10 fr. 20.

688. $\frac{(80 \times 17) + 40 \times 11}{80 + 40} =$ R. 15 fr.

589. $140^{lit.} \times 0,30 = 42^{f}$; $250^{lit.} \times 0,4 = 100^{f}$; $140^{lit.} + 250^{lit.} = 390^{lit.}$; $390 \times 0^{f},05 = 19^{f},50$; $\frac{42 + 100 + 19,50}{390}$ = R $0^{f},419\frac{3}{13}$.

690. $\frac{560}{8+9+10+11+12} =$ R. 11 jours $\frac{1}{5}$.

691. $\frac{6 \times 77}{8+7,7+7,5+7,4+6,95+6,45} =$ R. 10 jours $\frac{1}{2}$.

692. $560 \times 10 = 5600$; $590 \times 5 = 2950$; $600 \times 6 = 3600$; $550 \times 4 = 2200$; $5600 + 2950 + 3600 + 2200 = 14350$. $10 + 5 + 6 + 4 = 25$; $\frac{14350}{25} =$ R. 574 mètres.

693. $8 \begin{cases} 3 \\ 6 \\ 11 \\ 2 \end{cases}$ R. $\begin{cases} 3 \text{ à } 6 \text{ fr.} \\ \\ 2 \text{ à } 11 \text{ fr.} \end{cases}$

694. $80 \begin{cases} 20 \\ 60 \\ 105 \\ 25 \end{cases}$ $20 + 25 : 780 :: \begin{cases} 20 : x = \\ 25 : x = \end{cases} \begin{cases} 346\frac{30}{45} \text{ à } 0^{f},60 \\ 433\frac{15}{45} \text{ à } 1^{f},05 \end{cases}$

EXTRACTION DE LA RACINE CARRÉE ET MESURE DES SURFACES.

695. $150 \times 90 =$ R. 13 ares 50.
696. $50 \times 50 =$ R. 25 ares.
697. $12 \times 6 =$ R. 72 mètres carrés.

698. 6,40 × 5,24 = 33 mèt. c. 536 × 5f,25 = R. 176f,064.
699. 36 × 28 = R. 1008 centimètres carrés.
700. 20 × 4,5 = 90 × 7,75 = R. 697f,5.
701. 40 × 30 = R. 12 ares.

702. $60{,}2 \times 48{,}5 = \frac{2919{,}70}{2}$ = R. 14ares,5985.

703. $34 + 56 = \frac{90}{2} = 45 \times 25$ = R. 11ares,25.

704. 12 × 9 × 2,5 = 270 fr. ; 4 × 9 × 2 = 72 ; 4 × 12 × 2 = 96 + 72 = 168 × 6 = 1008 + 270 = R. 1278 francs.

705. $\frac{360 \times 3}{4} = 270 \times 60 = 16200 \times 60$ = R. 972000 secondes.

706. 500 × 500 = 25 hectares.

707. $\sqrt{2500}$ = R. 50 mètres.

708. 20 × 15 = R. 30 ares.

709. $\frac{300}{15}$ = R. 20 mètres.

710. $40 + 60 = \frac{100}{2} = 50 \times 30$ = R. 15 ares.

711. $8 \times 7 = \frac{56}{2}$ = R. 28 mètres carrés.

712. $26 + 26 = \frac{52}{8}$ = R. 6mètres,5.

713. 96 × 90 = R. 86 ares 40 centiares.

714. $6 \times 6 = 36$; $\frac{36 \times 22}{7}$ = R. 113 mètres carrés $\frac{1}{7}$.

715. $\frac{113\frac{1}{7} \times 7}{22} = 36$; $\sqrt{36}$ = R. 6 mètres.

716. R. Comme 4 est à 9, vu que 2 × 2 = 4 et que 3 × 3 = 9.
717. R. Dans le rapport de 1 à 4.
718. R. 1000000 de fois.

719. 0,20 × 0,12 = 0,024, les $\frac{3}{4}$ de 0,024 = 180 cent. m. c. 30 × 40 = 1200 m. c. × 1000 = $\frac{12000000}{180}$ = R. 66666 ardoises $\frac{2}{3}$.

720. $20 \times 8 = \frac{16000}{3}$ décimètres carrés = $5333\frac{1}{3} \times 2$ (car il en faut le double) = R. 10666 $\frac{2}{3}$ tuiles.

721. 30 × 8 = 240 × 5 = R. 1200 fr.
722. R. 1, 4, 9, 16, 25, 36, 49, 64, 81.
723. R. 0,01, 0,0001, 0,000001, 0,09.
724. R. $\frac{1}{4}$, $\frac{4}{9}$, $\frac{9}{16}$, $\frac{1}{25}$, $\frac{1}{100}$, $\frac{16}{25}$.
725. R. 1000000 de millimètres carrés.

726. $\sqrt{1936} =$ R. 44.

727. $\sqrt{2976} =$ R. 54,55, reste 2975.

728. $\sqrt{50000} = 223$, reste 271 qu'on néglige. $223 \times 4 =$ R. 892 mètres.

729. $\sqrt{3600} =$ R. 60 rangs de 60 hommes.

730. $\sqrt{2,5000} =$ R. 1,58, reste 36.

731. $\sqrt{10000} = 100$, $\sqrt[2]{9} = 3$; $100 \times 3 = 300$ décimètres de côté; $30 \times 30 =$ R. 9 ares.

EXTRACTION DE LA RACINE CUBIQUE ET MESURE DES SOLIDES.

732. R. 1, 8, 27, 64, 125, 216, 343, 512 et 729.
733. R. 1000, 1000000, 1000000000 et 8000.
734. R. 0,001, 0,015625, 0,000512 et 0,000000064.
735. R. $\frac{1}{8}$, $\frac{27}{64}$, $\frac{8}{125}$.
736. R. 1000000000 millimètres cubes.
737. R. 86 m. cubes 123 déci. 456 cent. et 789 milli cubes.

738. $\sqrt[3]{990299} =$ R. 99, reste 20000.

739. $\sqrt[3]{273359449} =$ R. 649.

740. $\sqrt[3]{1061208} =$ R. 102.

741. $\sqrt[3]{19656,000000} =$ R. 26,98, reste 16707608.

742. $8,080940852 + 12,000709059 + 54,7 + 0,00798 =$ R. 74^{mmm},789 déci. cub. 629 cent. cub. 911 mill. cubes.

743. 9 mètres cubes $-$ 0,999888666 mill. cubes $=$ R. 8^{mmm},000111334.

744. $6,004008091 \times 50 =$ R. 300 m. cub. 200404550 mil. cub.

745. $\frac{9 \text{ m. cub.}, 91847070}{10}$ = R. 0 m. cub. 919184707 mill. cub.

746. $6 \times 6 \times 6$ = R. 216 mètres cubes.

747. $\sqrt[3]{125}$ = R. 5 mètres.

748. Le cube de 8 = 512 ; 512 + 512 = 1024 ; $\sqrt[3]{1024}$ = R. 10 mètres,07, reste 2852657.

749. Multipliez le carré du rayon par la hauteur du cylindre et le produit par $\frac{22}{7}$; $\frac{0{,}25 \times 0{,}25 \times 0{,}25 \times 0{,}4 \times 22}{7}$ = 0,07857 $\frac{1}{7}$ = R. 78 kilogrammes 570 grammes $\frac{1}{7}$.

750. $0{,}34 \times 0{,}4$ = R. 0 mmm,136.

751. $5 \times 5 = 25$; $3 \times 3 = 9$; $5 \times 3 = 15$; $25 + 9 + 15 =$ 49 m. carrés. $\frac{49 \times 22 \times 7}{7 \times 3}$ = R. 359 mètres cubes $\frac{1}{3}$.

752. $0{,}12 \times 0{,}5 = 0{,}60$; R. 60 décimètres cubes.

753. $\frac{0{,}3 \times 0{,}3 \times 22}{7}$ = 0m. carré,282857 $\frac{1}{7}$ qu'on néglige ; $282857 \times 0{,}3$, tiers de sa hauteur, = R. 48décim. cubes,857100.

754. $\frac{175}{35}$ = R. 5 mètres.

755. $22 : 7 :: 0{,}9 : x = \frac{7 \times 0{,}9}{22} = 0{,}286 + \frac{4}{7}$ qu'on néglige ; $\frac{0{,}286 \times 0{,}286 \times 22}{7}$ = la surface 0,257073 millimètres carrés $\frac{1}{7}$ négligé ; $0{,}257073 \times 0{,}477$ = R. 0mèt. cube,0122623821.

756. Les surfaces des sphères sont entre elles comme le carré de 7 est au carré de 10 ou comme 49 est à 100.

La surface de la sphère dont le rayon est de 7 mètres = $\frac{14 \times 14 \times 355}{113}$ = 615 mètres carrés, $\frac{72}{113}$ de reste.

La surface de l'autre = $\frac{20 \times 20 \times 355}{113}$ = 1256 m. carrés, reste $\frac{72}{113}$, négligeant les restes. Le volume de la plus grosse = $1256 \times 3\frac{1}{3}$ = 4186 m. cubes $\frac{2}{3}$; celui de l'autre = $615 \times 2\frac{1}{3}$ = 1435 mètres cubes.

757. Ces volumes sont comme le cube de 5 est au cube de 7 ou comme 125 : 343.

758. $0{,}433 \times 0{,}541 \times 6^{m},822 =$ R. $15^{\text{décistères}},98073966$.

759. Le diamètre $= \dfrac{2^{m},666 \times 115}{555} = 0{,}848$ et une fraction ; $\dfrac{0{,}848}{4}$ $0{,}212$; $0{,}212 \times 2{,}666 = 0{,}565192$ m. carrés ; $0{,}565192 \times 11$ m. $=$ R. $62^{\text{décistères}},17112$.

760. $0{,}5 \times 0{,}2 \times 4 =$ R. 4 décistères.

761. $0{,}011 \times 0{,}011 \times 0{,}410 =$ R. 49 centimètres 610 millimètres cubes.

762. Le $\frac{1}{6}$ de $1^{m},98 = 0^{m},33$; $1{,}98 - 0{,}33 = 1^{m},65$; $1^{m},65 : 4 =$ R. $0^{m},41$.

EXERCICE GÉNÉRAL.

PREMIÈRE PARTIE.

763. $1000 + 675 + 229 + 97 =$ R. 2001 fr.

764. 140 ans — 90 ans 5 mois 25 jours = R. 49 ans 6 mois 5 jours.

765. $0{,}900 - 0{,}143 =$ R. $0{,}757$.

766. $5 - 3{,}94 =$ R. $1^{f},06$.

767. $4^{f},85 + 8^{f},60 + 9^{f},15 + 7^{f},95 =$ R. $30^{f},55$.

768. 6 jours 15 h. 30 minut. — 3 jours 4 h. 20 min. = R. 3 jours 11 heures 10 minutes.

769. $9 + 0{,}9 + 0{,}666 + 0{,}8 =$ R. $10^{\text{entiers}},646$.

770. $1553 + 36 + 21 =$ R. 1610.

771. $124 - 96 =$ R. 28 mètres.

772. $90 + 800 + 6000 + 40000 =$ R. 46890.

773. $200 - 189 =$ R. 11 fr.

774. $0{,}75 + 90 + 90 + 500 + 3000 =$ R. $3680^{\text{litres}},75$.

775. $1474 - 1445 =$ R. 29 ans.

776. R. 60 k. 89 décagrammes.

777. $1547 - 1494 =$ R. 53 ans.

778. $2200 + 300 + 60 =$ R. 2560 ares.

779. $31 - 8 =$ R. le 23 du mois.

780. R. 679 stères 04 centistères.

781. $109 \times 6 =$ R. 654 minutes.

782. R. L'an 2461 de la création.

783. $753 - 315 =$ R. 438.

784. $842 + 96{,}50 =$ R. $938^{f},50$.

785. 1820 ans 9 mois — 1768 ans 2 mois 20 jours = R. 52 ans 6 mois 10 jours.

786. 1600 — 614 = R. 986 mètres.

787. 16400 — 8200 = R. 8200 ares.

788. R. 17633910 habitants.

789. R. 560 stères 9 décistères.

790. 8000 — 990 = R. 7010 litres.

791. 1030 — 1000 = R. 30 grammes.

792. 876902,00 — 700020,40 = R. 170881 kilog. 6 hectog.

793. 5kilom.,39 × 13 = R. 70kilomètres,07.

794. 800 — 298,25 = R. 501f,75.

795. 365 × 11,08 = R. 4044 litres 2 décilitres.

796. 132,9 — 99,4 = R. 33l,5.

797. 4000 — 1020 = R. 2980.

798. 32,8 × 0,05 = R. 1 kilog. 64 décag.

799. 400 — 62 = R. 338 fr.

800. 4004 — 1656 = R. 2348 ans.

801. 23 × 60 × 11,37 = R. 15690mèt.,6.

802. 46,000000000 — 36,984867460 = R. 9 mètres cubes 015132540 millimètres cubes.

803. R. 44 jours environ.

804. R. 945 kilog. 11 décag.

805. 4,125200 × 150 = R. 618f,75.

806. (30 × 12) — 99 = R. 261 œufs.

807. 1,300 + 0,544 = R. 1mèt.,844.

808. 45 × 1000 × 1,75 = R. 78750 francs.

809. 340 + 204,66 = R. 544f,66.

810. 1000 × 5 = R. 5 kilog.

811. 0,25 + 3,5 + 2,5 + 3,5 + 3 + 2,6 + 1,7 = R. 17mèt.,05.

812. $\frac{12500}{5}$ = R. 2500 francs.

813. 25 grammes + 10 + 5 + 2,5 + 1,25 = R. 43 grammes 75 centig.

814. 4000 × 3,5 = R. 14000 fr.

815. 1 + 0,1752 + 0,8745 + 0,1394 + 331,561 + 101,0631 + 19,8089 + 1 = R. 455 + 6221 dix-millièmes.

816. $\frac{318}{10} \times 9$ = R. 286 grammes.

817. 9000,92 + 247,08 = R. 9248 fr.

818. 5 × 60 = 300 ; $\frac{4000}{300}$ = R. 133 mètres $\frac{1}{3}$.

819. 854,09 + 9,8 = R. 863 kilog. 89 décag.

820. $\dfrac{34000}{4444\frac{1}{3}}$ = R. 7 lieues. $\frac{8609}{13333}$.

821. 124 — 25,42 + 12,25 + 15,92 = R. 70f,41.

822. 1,585 — 1,579 = R. 6 millimètres.

823. R. 6mètres,6.
824. 985,25 — 967,50 = R. 17f,75.
825. $\frac{1,5 \times 2}{3}$ = R. 1 franc.
826. 1,4585 — 1,4567 = R. 0m,0018.
827. 34 × 30 = R. 1020 mètres.
828. $\frac{120}{48}$ = R. 2stères,5.
829. 110000 × 5 = R. 550000 francs.
830. 526,4 × 12 = R. 19584 doubles décalitres.
831. 900 × 0,6 = R. 540 francs.
832. R. 12000 francs.
833. 96000 × 0,09 = R. 8640 francs.
834. 1,02 × 1,20 = R. 1,2240.
835. $\frac{432}{54}$ = R. 8.
836. R. 120000 francs.
837. 1000 × 4 × 10000000 = R. 40000000000 millimètres.
838. (365 × 24) + 5 = 8765 ; 8765 × 60 + 49 = 525949 × 60 = R. 31556940 secondes.
839. 1500 × 0,4 = R. 600 francs.
840. 13,598 — 13,353 = R. 245 grammes.
841. 42 × 3,6 = R. 151f,2.
842. 770 × 13,598 = R. 10470 fois 46 centièmes.
843. $\frac{731}{17}$ = R. 43.
844. 1,026 × 5 = R. 5 kilog. 13 décagrammes.
845. 225 × 25 = R. 5625 litres.
846. 14 × 20 × 12 = 3360 ; $\frac{30}{3360}$ = R. 0f,0089, reste 96.
847. $\frac{4000}{0,03}$ = R. 1333 trames $\frac{1}{3}$.
848. 4000 × 10000 × 4000 = R. 40000000000 millimètres.
849. $\frac{29274}{287}$ = R. 102.
850. $\frac{4000}{20}$ = $\frac{200 \times 3}{12}$ = R. 50 francs.
851. 25 × 6 × 2,05 = R. 307 fr. 5 décimes.
852. 48 × 10 — 200 fr. = R. 280 fr.
853. 365 × 0,15 + 175 fr. = R. 229f,75.
854. $\frac{12 \times 12 \times 1000}{2}$ = R. 72 fr.
855. 12 × 120 × 1000 × 0,03 = R. 43200 fr.
856. 5845 × 365 × 24 × 60 = R. 3072132000.

857. $365 \times 300 \times 0{,}05 =$ R. 5475.

858. $\frac{66 \times 2}{3} \times 3 =$ R. 132 myriamètres.

859. $348 \times 10 = 3480$; $\frac{3480}{60} = 58$; $\frac{58}{8} =$ R. 7 jours $\frac{2}{8}$.

860. $360 \times 25 =$ 1re R. 9000 lieues; $360 \times 20 =$ 2e R. 7200 lieues.

861. $150 \times 3 = 450$; $500 - 450 =$ R. 50 francs.

862. $36 \times 14 \times 10 =$ R. 5040 heures.

863. $\left((2 \times 60) + 3 \times 60\right) + 14 \times 12 =$ R. 88728 tours.

864. $25 \times 20 \times 100 \times 0{,}01 =$ R. 500 francs.

865. $12 \times 12 \times 96 \times 0{,}02 =$ R. 276f,48.

866. $\frac{125000}{5} =$ R. 25000 francs.

867. $\frac{1120000}{7} =$ R. 160000 hommes.

868. $\frac{40 \times 5}{4} =$ R. 50 degrés centigrades.

869. $\frac{25 \times 4}{5} =$ R. 20 degrés de Réaumur.

870. $100 \times 4 =$ 1re R. 400 tours; $\frac{400 \times 4}{8} + 400 =$ 2e R. 600 tours.

871. $\frac{15 \times 10}{24}$ dents $=$ 6 tours $\frac{1}{4}$; $15 + 6\frac{1}{4} = 21\frac{1}{4}$; $\frac{21 \times 6}{8} + 21 =$ R. 28 tours $+ \frac{1}{4}$ de dent.

872. $340 \times 30 =$ R. 10200 mètres.

873. $\frac{34600000}{8 \times 60 + 3} =$ R. 70182 lieues $+ \frac{274}{493}$.

874. $\frac{40000000}{9000} =$ R. 4444 mètres et une série de 4.

875. $\frac{3645}{10} =$ R. 364 grammes 5 décigrammes.

876. $5 \times 24 \times 60 = 7200$ minutes; $\frac{0{,}144}{7200} =$ R. 0,00002.

877. $\frac{600}{3} =$ R. 200 décalitres.

878. $45 \times 3 \times 1{,}95 =$ R. 263 francs 25 centimes.

879. $2722 \times 4{,}5 =$ R. 12249 francs.

880. $30 \times 20 \times 2 =$ R. 1200 fr.

881. $24 \times 6 \times$ 0f,25 cent. $=$ R. 360 francs.

882. $40 \times 2 \times 12 \times 0{,}35 - 250 =$ R. 86 fr.

883. $\frac{31\text{ m. }444\text{ millimètres} - 7^{m},9}{9} =$ R. 2 m. 616 mill.

884. $\frac{648}{6} =$ R. 108 mètres.

885. $\frac{64}{230} =$ R. 2 décimes.

886. $\frac{5448}{2}$ = 1re R. 2724; $\frac{2724}{3}$ = 2e R. 908 fr.; $\frac{2724-908}{4}$ = 3e R. 454 fr.

887. $\frac{1000}{30}$ = R. 33 kilomètres, reste une série de 3.

888. $\frac{4000 \times 10}{4}$ = R. 10000 heures.

889. $\frac{70000000}{25}$ = 2800000 personnes.

890. $\frac{0,05}{4 \times 50}$ = R. 0f,00025.

891. $\frac{1500 + 300 - 500}{1,95}$ = R. 666kilog.,666 et une série de 6.

892. 200 × 3,5 = 700; 100 × 2 = 200; 15 × 2,95 = 44f,25; $\frac{700 + 200 + 44,25}{12}$ = R. 78f,68 et 9 de reste.

893. $\frac{85}{80}$ = R. 0f,81, reste 20.

894. $\frac{4461}{5}$ = R. 892 stères 2 décistères.

895. $\frac{2492}{7}$ = R. 356 ares.

896. $\frac{7}{80}$ = R. 0f,0875.

897. $\frac{1500 \times 50}{12}$ = R. 6250 jours.

898. $\frac{600}{0,40}$ = R. 1500 fr.

899. 12 × 7 = 84; $\frac{2100}{84}$ = 25 carreaux par mètre; $\sqrt{25}$ = 5 de côté = 0,02 × 0,02 = R. 4 décimètres carrés.

900. $\frac{75}{3000}$ = R. 25 millièmes.

901. 25 × 20 × 56 = 28000; $\frac{200}{28000}$ = R. 7 millièmes et 4 de reste.

902. $\frac{750+564}{365}$ = R. 3f,436, reste 205.

903. $\frac{0,7}{120}$ = R. 0,005, reste $\frac{100}{120}$.

904. $\frac{9000}{20}$ = R. 450 doubles décalitres.

905. 12 × 50 = 600; $\frac{762,5}{600}$ = R. 1f,27.

906. $\frac{400 + 100}{0,4}$ = R. 1250 fagots.

907. 444 fr. × 7 — 444 = 2664 francs.

908. $\frac{60}{60} - \frac{1}{60} = \frac{59}{60}$; $\frac{1^f \times 60}{59}$ = R. 1f,0169 $\frac{29}{59}$.

909. 12,5 × $\frac{2}{3} = \frac{25}{3}$ = 8f,3 et une série de 3; 8,3 + 12,5 = $\frac{20,8}{4}$ = 5,2 + 20,8 = R. 26 fr.

910. $\frac{72}{9}$ = 8, $\frac{72}{6}$ = 12, 12 + 8 = 20, 72 — 20 = R. 52 écoliers.

911. $\frac{25 \times 3}{8}$ = 9f,375, 25 — 9,375 = 15,625, $\frac{15,625 \times 2}{5}$ = 6,25, 9,375 + 6,25 = 15f,625, 25 — 15,625 = R. 9f,375.

912. $\frac{9996}{4}$ = 1re part 2499 fr., 9996 — 2499 = 7497, $\frac{7497}{2}$ = 3748f,5, $\frac{3748,5}{3}$ = 1249,5, 1re p. des 3 proches 1249f,5, $\frac{3748,5}{5}$ = 749f,7, part des deux derniers. Les proches auront chacun 1999f,2 et les deux derniers auront chacun 749f,7.

913. $\frac{96}{3}$ = R. 32 jours.

914. 111 $\frac{3}{7}$: $\frac{2}{3} = \frac{780}{7} \times \frac{3}{2} = \frac{2340}{14}$ = R. 167 jours $\frac{1}{7}$.

SECONDE PARTIE.

915. $\frac{6000}{200}$ = 30 fr., qu'un élève dépense en 15 jours; $\frac{30}{15}$ = 2 fr., qu'un élève dépense en un jour; 200 + 50 = 250 élèves; 250 × 2 = 500 fr., que dépenseront les pensionnaires en un jour; 500 × 330 = R. 165000 fr. *C'est la méthode de l'unité; elle est souvent employée dans ces solutions.*

916. 75 : 30 :: x : 240; $\frac{240 \times 75}{30}$ = R. 600 litres.

917. 8 : 5 :: x : 90; $\frac{90 \times 8}{5}$ = R. 144 kilog.

918. $\frac{30\times3}{5}$ = R. 18 ouvriers.
919. $\frac{600\times50}{20}$ = R. 1500 francs.
920. $\frac{1500\times600}{18}$ = R. 50000 francs.
921. $\frac{40\times15}{10}$ = R. 60 jours.
922. $3 : x :: 30,70 : 93,98$; $\frac{93f,98 \times 3}{30,70}$ = R. 3 fr. $\frac{188}{3070}$.
923. $\frac{76,2 \times 29,1}{3}$ = R. 739f,14.
924. $\frac{13013\times65}{150}$ = R. 56 kilog. 389 gram., $\frac{2}{3}$ de reste.
925. $\frac{75\times3}{5}$ = R. 45 ouvriers.
926. $\frac{48\,50 \times 18}{100}$ = R. 8f,73.
927. $\frac{30}{1000}$ = 0,031; 1f,10 + 1,10 + 0,03 = R. 2f,23.
928. $\frac{2}{3} : \frac{1}{9} :: \frac{3}{4} : x$; $\frac{\frac{1}{9} \times \frac{3}{4}}{\frac{2}{3}} = \frac{9}{72}$ = R. of,125.
929. $\frac{180\times4}{5}$ = R. 144 planches.
930. $x : 30 :: \left\{\begin{matrix} 9 : 6 \\ \frac{15}{20} : \frac{16}{20} \end{matrix}\right\}$ $x = \frac{30\times9\times15}{6\times16}$ = R. 42 m. $\frac{3}{16}$.
931. $\frac{240}{20}$ = 12 m. que fait un homme en 50 jours; $\frac{12}{50}$ = 24 centimètres en un jour; 60 × 10 = 600 journées × 0,24 = R. 144 mètres.
932. 40 × 8 = 320 h.; 320 : 160 :: x : 640; $\frac{320\times640}{160}$ = 1280; $\frac{1280}{10}$ = R. 128 jours.
933. 3000 × 2,5 = 7500 fr.; $\frac{7500}{15}$ = 500 ares de prairie.
934. 30 : 90 :: 180 : x; $\frac{180\times90}{30}$ = R. 540 francs.
935. $\frac{75000\times7}{100}$ = R. 5250.
936. 13 × 200 = 2600; $\frac{2600 \times 11,5}{100}$ = R. 299 francs.
937. $\frac{88000\times4}{100}$ = R. 3520 francs.
938. $\frac{3520\times100}{4}$ = R. 88000 fr.
939. $\frac{1250\times100}{25000}$ = R. 5 pour %.

940. $\frac{8785{,}96 \times 10{,}5}{100} =$ R. 922f,0258.

941. $\frac{985{,}9 \times 100}{8{,}5} =$ R. 11598 fr. $+ \frac{14}{17}$.

942. $\frac{1250 \times 100}{5}$ R. 25000 fr.

943. $\frac{87964 \times 100}{987964} =$ R. 8f,9 $+ \frac{176020}{493982}$.

944. $\frac{1656{,}26 \times 100}{7154 \times 3\frac{7}{12}} =$ R. 6f,46, reste $\frac{13694}{153811}$.

945. $77000 - 50000 = 27000$; $\frac{27000 \times 100}{50000 \times 6} =$ R. 9 fr.

946. $816 \times 160 = 130560$; $\frac{130560 \times 14{,}6}{150} =$ R. 12707f 84 cent.

947. 486×183f,85 $= 89351{,}10$; $89351{,}10 \times 3 =$ 268053f,30; $\frac{268053{,}30 \times 24}{1000} =$ R. 6433f,27.

948. $\frac{495000 \times 17\text{f},50}{100} =$ R. 86625 fr.

949. $280 \times 25 = 7000$ litres; 7000×1f,2 $= 8400$ fr.; $\frac{8400 \times 27{,}5}{100} =$ R. 2310 fr.

950. $6 \times 9 = 54$; $54 + 100 = 154$; $\frac{77000 \times 100}{154} =$ R. 50000 fr.

951. $19250 - 12500 = 6750$; 12500 à 9 pour % = 1125 fr. pour l'intérêt d'un an; $\frac{6750}{1125} =$ R. 6 ans.

592. $\frac{42 \times 7}{3} =$ R. 98 mètres.

593. $\frac{10000}{25} = 400$, que fait le 1er; $\frac{8000}{20} = 400$, que fait le 2e.

954. R. 50 centimes.

955. 1f,05 — 0f,25 = 0,8; $\frac{90}{0{,}8} =$ R. 112 bouteilles $\frac{1}{2}$.

956. $\frac{684 \times 240 \times 9\frac{1}{3}}{100} =$ R. 15321f,7.

957. 1081,5 − 949,9 = 131f,6; $\frac{131,6 \times 100}{949,9}$ = R. 13f,854, reste $\frac{854}{9499}$.

958. $\frac{4227,5 \times 6}{100}$ = 253,65; 253,65 + 4227,5 = 4481,15; $\frac{4481,15}{98}$ = R. 45,72 $\frac{59}{98}$.

959. 164 × 0,25 = 41 fr.; $\frac{41+10}{60}$ = R. 85 centimes.

960. 35 × 35 = 1225 de composition et de correction; 35 × 1000 = 35000 feuilles, $\frac{35000}{500}$ = 70 rames; 70 × 12 = 840 fr. de papier; 0,5 × 1000 = 500 fr. de brochage; 0,65 × 1000 = 50 fr. de couverture; 1225 + 840 + 500 + 50 + 85 = 1re R., dépense totale 2700 fr.; $\frac{2700}{1000}$ = prix d'un volume, 2e R. 2f,70 cent.

961 $\frac{36 \times 33}{4}$ = 297 mètres. R. non.

962. 40 × 30 = 1200, que brochera un ouvrier; $\frac{12000}{1200}$ = R. 10 ouvriers.

963. 30 × 15 × 7 = 3150 : 30 :: 12 × 26 × 8 = 2496 : x; $\frac{2496 \times 30}{3150}$ = R. 23mèt.,771 $\frac{1350}{3150}$.

964. 100 + 5 = 105; $\frac{105}{100}$ = 1,05; 1,05 × 1,05 × 1,05 = 1,157625 × 4800 = R. 5556f,60.

965. 100 + 4 = 104; $\frac{104}{100}$ = 1,04; 1,04 × 1,04 × 1,04 = 1,124864 × 900 = 1012,3776; 1012,3776 − 900 = R. 112,3776.

966. 24 + 16 = 40; $\frac{40}{2}$ = R. 20 francs.

967. 20 × 16,5 = 330; 12 × 13 = 156, 330 + 156 = 486 fr.; 20 + 12 = 32 sacs; $\frac{486}{32}$ = R. 15f,18, et reste $\frac{24}{32}$.

968. 6 × 8 = 48; en 48 jours on dépense 230 kilog. : combien en faudra-t-il pendant 14 × 14 = 196 jours? 48 : 230 :: 196 : x; 196 × 230 = 45080, $\frac{45080}{48}$ = R. 939 kilog. + $\frac{1}{6}$.

969. 11f,4 × 11 = 125f,4 que valent 11 kilog. de la 3e matière = 7 kilog. de la 2e matière; $\frac{125,4}{7}$ = 17,91 + $\frac{3}{7}$

prix d'un kilog. de la 2e matière; $17,91 + \frac{3}{7} \times 8 = 143,31\frac{3}{7}$, prix de 8 kilog. de la 2e matière et de 3 kilog. de la 1re matière; $\frac{143,31\frac{3}{7}}{3} =$ R. $47,7\frac{5}{7}$.

970. $100 : 5 :: 8000 : x$; $\frac{8000 \times 5}{100} =$ R. 400 fr.

971. $15 + 16 + 18 + 12 = 61$; $\frac{61}{4} = 15 + 1$ degré; $1^\circ = 60$ minutes; $\frac{60}{4} = 15'$; $15^\circ + 15' =$ R. 15 degrés et 15 minutes.

972. 50×2 fr. $= 100$; $70 \times 1,50 = 105$; $50 \times 1,25 = 62^f,5$; $30 \times 1 = 30$; $100 + 105 + 62,5 + 30 = 297^f,5$; $\frac{297,5}{200} =$ R. $1^f,4875$.

973. $x : 100 :: 400 : 5$; $\frac{400 \times 100}{5} =$ R. 8000 fr.

974. $x : 100 :: 1575 : 30000$; $\frac{1575 \times 100}{30000} =$ R. $5^f,25$.

975. $\frac{12000 \times 6}{100} = 720$ fr., intérêt de 12000 fr.; $\frac{7000 \times 5}{100} =$ 350 fr., intérêt de 7000; $\frac{5000 \times 7}{100} = 350$ fr., intérêt de 5000 f; $350 + 350 = 700$ fr. R. oui.

976. $250 + 245 + 230 + 115 = 840$ litres; $125 + 104 + 75 + 40,50 = 344$ francs 5 décimes; $\frac{344^f,5}{840} =$ R. $0^f,41$ et 1 décime de reste.

977. 70 { 25 litr. ; 55, prix inférieur. ; 95, prix supérieur. ; 15 litr. } R. { 25 litr. à $0^f,55$. ; 15 litr. à $0^f,95$. }

978. $0^f,45$ { 45 ; $0^f,50$, prix sup. ; 0, prix inf. ; 5 } Si avec 45 litres de vin à $0^f,50$ il faut mettre 5 litres d'eau pour que le mélange vaille $0^f,45$, on aura ce qu'il faut en mettre avec un hectolitre par la proportion $45 : 5 :: 100 : x =$ R. 11 litres $\frac{1}{9}$.

979. 7. $\left\{\begin{array}{l}2\\5, \text{prix inf.}\\9, \text{prix sup.}\\2\end{array}\right.$ Sur 4 mesures il en faut 2 de chaque prix; c'est la moitié de chaque sorte; par conséquent sur 725 mesures il en faudra 362 $\frac{1}{2}$ mesures de chaque prix.

980. L'intérêt de 100 fr. $\frac{1}{2}$ fr. par mois, d'où $\frac{1}{2}+\frac{2}{2}+\frac{3}{2}+\frac{4}{2}+\frac{5}{2}+\frac{6}{2}+\frac{7}{2}+\frac{8}{2}+\frac{9}{2}+\frac{10}{2}+\frac{11}{2}+\frac{12}{2}=\frac{78}{2}; \frac{78}{2}=$ R. 39 fr. d'intérêt.

981. Si l'escompte est en dehors, posez la proportion $100 : 5 :: 3560 : x$, d'où l'on tire $x=\frac{3560\times5}{100}=$ R. 178 fr. Si l'escompte est en dedans, posez $105 : 5 :: 3560 : x$, d'où l'on tire $x=\frac{3560\times5}{105}=$ R. 169f,52.

982. Pour avoir cette valeur, il faut retrancher du capital 1000 fr., son escompte pris en dedans à 6 pour % par an. Or, cet escompte sera donné par le 4e terme de la proportion $106 : 6 :: 1000 : x$, d'où $x=\frac{1000\times6}{106}=$ 56f,60; 1000 — 56f,60 = R. 943f,40 pour la valeur du billet.

983. $100 : 96 :: 2840 : x$; $x=\frac{2840\times96}{100}=$ R. 2726f,40.

984. $100 : 5 :: 5600 : x$; $x=\frac{5600\times5}{100}=280$; $\frac{280}{2}=$ R. 140.

985. Une somme de 106 fr., escomptée de cette manière, se réduirait à 100 fr; on peut donc poser la proportion suivante:

$106 : 100 :: 4780 : x$, d'où $x=\frac{4780\times100}{106}=$ R. 4509f,43.

986. $1000 : \frac{1}{2} :: 50000 : x$; $x=$ R. 25 fr.

987. $11550 : 7700 :: 555f,55 : x$. On tire de là $x=\frac{555,55\times7700}{11550}=$ 1re R. 370f,36 $\frac{2}{3}$; la perte 555,55 — 370f,36 $\frac{2}{3}=$ 2e R. 185f,18 $+\frac{1}{3}$.

988. 640 — 280 = 360 fr. que le 1er a touché de plus que l'autre; 1024 — 360 = 664; $\frac{664}{2}=$ R. 332 fr., part du premier; 360 + 332 = 692 fr., part de l'autre.

989. La somme des âges étant de 60 ans, posez les proportions:

$60 : 25 :: 300000 : x$, d'où $x=125000$ fr. pour le 1er;
$60 : 20 :: 300000 : x$, d'où $x=100000$ fr. pour le 2e.
$60 : 15 :: 300000 : x$, d'où $x=75000$ francs pour le 3e.

990. On aura l'impôt pour 1 fr. en posant la proportion suivante :

520000 : 22880 :: 1 : x. On tire de là $x = \frac{22880}{520000} =$ 0f,044.

Si l'on multiplie cet impôt successivement par les nombres 2, 3, 4, 5, 6, etc., jusqu'à neuf, on aura le tarif suivant :

Pour 1 fr.	0f,044
2	0 ,088
3	0 ,132
4	0 ,176
5	0 ,220
6	0 ,264
7	0 ,308
8	0 ,352
9	0 ,396

991. Un billion de francs = 200000000 de pièces de 5 fr. ; $0^{m},0025 \times 200000000 = 500000000$ millimètres ou 500000 m. ; $\frac{500000}{4444}$ = R. 112 lieues $\frac{1}{2}$.

992. R. 15 fr. l'hectol. de blé et 10 fr. l'hectol. d'orge (ce problème est indéterminé.)

993. $20 \times 1,5 = 30$ fr. ; $80 \times 1,3 = 104$ fr. ; $5 \times 2f,5 = 12f,5$; $30 + 104 + 12f,5 = 146f,50$, c'est le prix de l'alliage. D'ailleurs il pèse $20 + 80 + 5$ kilog., ou 105 kilog. ; le prix d'un kilog. d'alliage est donc $\frac{146,50}{105}$ = R. 1f,3952 + $\frac{8}{21}$.

994. $(0,63^2 \times 2) + 0,42^2 \times 2,2 \times \frac{22}{21} =$ 2m. cubes,23608 ; $2,23608 \times 48f,5$ = R. 1084f,5.

995. $\frac{900000000}{3100}$ = R. 290322kilog.,580645.

996. $32 \times 4 + 3 = 131$; $\frac{131 \times 1,5}{4}$ = R. 49f,125.

997. 15f,5 : 12 $\frac{3}{4}$ = R. 1f,215, reste $\frac{875}{1275}$.

998. 2 h. $\frac{3}{4}$ + 3 h. $\frac{1}{2}$ = 2 $\frac{3}{4}$ + 3 $\frac{2}{4}$ = R. 6 h. $\frac{1}{4}$.

999. $\sqrt{1296}$ = R. 36.

1000. $\sqrt[3]{1331}$ = R. 11 personnes.

1001. $0,22 \times 0,22 \times 6,5$ = R. 0,314décimètres cubes,600.

1002. $135 \times 2,4 \times 1,86 \times 0,35$ = R. 210f,924.

1003. $\frac{50463}{7,54}$ = R. 6692 m. 7 décimètres.

1004. 5 hectog. valent 2f,40; 10 hectog. valent 1f,20; 2,4 + 1,20 = 3,60; $\frac{3,60}{15}$ = 24 centimes l'hectog.; 0,24 × 10 = R. 2f,40 le kilogramme.

1005. 35 × 2,70 = 94f,5; 15 × 0,90 = 13f,50; 94f,50 + 13f,50 = 108; c'est le prix de l'alliage; 35 + 15 = 50; c'est le poids de l'alliage; $\frac{108}{50}$ = R. 2f,16 centimes.

1006. 5 grammes valant 1 fr., 1 gramme d'argent vaut $\frac{1}{5}$ de franc ou 20 centimes; 1 gramme d'or a 15 fois $\frac{1}{2}$ cette valeur, ou 0f,20 × 15 $\frac{1}{2}$ = 3f,10 cent. 708 grammes d'or × 3f,10 = 2194f,80 cent.; 292 grammes d'argent × 0f,20 = 58f,40 cent.; 2194f,80 + 58f,40 = 2253f,20; c'est le prix de l'alliage, son poids serait d'ailleurs de 708 + 292 gram. = 1000 grammes; $\frac{2253f,20}{1000}$ = R. 2f,25320.

1007. 110 kilog. d'étain à 5 fr. le kilog. = 550f
390 kilog. de cuivre à 2f,70 le kilog. . . . 1053f
5 kilog. de zinc à 0f,80 le kilog. 4f
4 kilog. de plomb à 1f,20 le kilog. 4f,80

Le prix total de l'alliage est de. . . . . 1611f,80, 1re R.
Cet alliage pèse 110 + 390 + 5 + 4 = 509 kilogrammes;
Le prix d'un kilog. est de $\frac{1611f,80}{509}$ = 2e R. 3f,16 $\frac{336}{509}$.

1008. R. 1165800 lieues.

1009. R. 20660 mètres.

1010. 30 × 331 = 9930; $\frac{9930}{100}$ = R. 99f,50 centimes.

1011. 7 × 7 = 49; $\frac{49 \times 22}{7}$ = R. 154 mètres carrés.

1012. $\frac{49 \times 7}{22}$ = 15m,59; $\frac{49 \times 15,59}{4}$ = R. 190mm,98.

1013. $\frac{176 \times 7}{22}$ = 56; $\sqrt{56}$ = 7,483; 7,483 × 2 × 3 $\frac{1}{7}$ = R. 47m,04.

1014. Il faut multiplier la première surface par le carré du rapport de la seconde à la première, c'est-à-dire 5 mèt. par 4, ce qui donne 20 mèt. carrés.

1015. 5 m. × 3 = 15 mètres carrés; 15 m. c. × $\frac{22}{7}$ =

$47\frac{1}{7}$; $\frac{47\frac{1}{7}}{4}$ = R. 11 mèt. carrés + $\frac{11}{14}$.

1016. $\frac{16 \text{ m.} \times 22}{7}$ = 50 m. $\frac{2}{7}$, circonférence de la base (car, en multipliant le diamètre d'un cercle par la fraction constante $\frac{22}{7}$, on obtient sa circonférence); $\frac{50\frac{2}{7} \times 30}{2}$ = R. 754 mètres carrés $\frac{2}{7}$.

1017. $10 \times 10 = 100$ } carré des deux rayons.
$6 \times 6 = 36$ }
$6 \times 10 = 60$ produit des deux rayons.
196 somme des trois nombres.

$196 \times 14 \times 1\frac{1}{21}$ = R. 2874 mètres cubes plus $\frac{2}{3}$.

1018. $5 \times 5 = 25$; $\frac{25 \times 22}{7}$ = R. 78 mèt. carrés $\frac{4}{7}$.

1019. $78 \times 7 = 546$; $\frac{4}{7} \times \frac{7}{1} = \frac{28}{7} = 4$; $546 + 4 = 550$; $\frac{550}{22} = 25$; $\sqrt{25}$ = R. 5 mètres.

1020. $4714 + 1844 - 1$ = R. 6557.

1021. Il s'agit de trouver un nombre d'années qui soit à la fois multiple des trois nombres 28, 15 et 19; ce nombre n'est autre que leur produit, puisqu'ils n'ont pas de facteur commun; ce produit, ou 7980, est ce qu'on nomme la période Julienne.

Si du nombre 7980 on retranche le nombre d'années écoulées depuis le commencement de cette période jusqu'à la naissance de J.-C., le reste indique l'année de l'ère chrétienne où doit finir la période Julienne.

De 7980
ôtant 4714
il reste 3266. Ainsi, la période Julienne finira l'an 3266 de notre ère.

1022. $\frac{360}{24}$ = R. 15 degrés.

1023. $1 : 6 \times 6 :: 4^m,9 : x$ = R. 176 mètres 4 décimètres.

1024. 340×8 = R. 2720 mètres.

1025. $8 \times 60 + 13 = 493$ secondes; $\frac{34600000}{493}$ = R. 70182 lieues, reste $\frac{274}{493}$.

1026. $80 : 100 :: 18 : x$ (cela revient à chercher combien $\frac{18}{80}$ font de centièmes); $\frac{18 \times 10}{8}$ = R. $22^o\frac{1}{2}$, ou 22 degrés et demi centigrades.

1027. $6376984 \times 6376984 = 40413924936256 \times 6356324 = 384405838147223829 44 \times 22 = \frac{8456928439238924 24768}{7} = 1208132634176989178 24 \times 4 = \frac{4832530536707956 74296}{3} =$ R. 16108435122359855 7098 mètres cubes $\frac{2}{3}$.

1028. $(0,8^2 \times 2 + 0,675^2 \times)\ 2,4 \times \frac{22}{21} =$ R. $4^{mmm},3638\ \frac{4}{7}$ = 43 hectol. 63 lit. 8 décil. $\frac{4}{7}$.

1029. $324'' = \frac{324}{3600}$ de deg. ; $3^o\ 33'\ 30'' = 12810'' = 12810$ de degrés ; $\frac{12810}{3600} : \frac{324}{3600} = \frac{12810}{3600} \times \frac{3600}{324} = \frac{12810}{324} =$ R. 395 kilomètre, reste $\frac{120}{324}$.

1030. $39498272 \times 2 = 78996544\ \sqrt[2]{78996544} =$ R. 8888 fr.

SYSTÈME MÉTRIQUE.

1031. R. 8 fr.
1032. R. 50 centimes.
1033. R. 20000 fr.
1034. R. 5 centimes.
1035. R. $\frac{1}{5}$.
1036. R. $\frac{1}{25}$.
1037. R. $\frac{1}{10000}$.
1038. R. $\frac{1}{1000000}$.
1039. R. $\frac{1}{1000000}$.
1040. R. $\frac{1}{50}$.
1041. R. $\frac{1}{100}$.
1042. R. $10 \times 10 = 100^{mm}$.
1043. R. $100 \times 100 = 10000^{mm}$.
1044. R. $1000 \times 10 = 10000$ décamètres carrés.
1045. R. 10000 hectomètres carrés.
1046. R. $100 \times 10 = 1000$ décistères.
1047. R. $100 \times 1000 = 100000$ décimètres cubes.
1048. R. $150 \times 10 = 1500$ hectolitres.
1049. R. $30 \times 1000 = 30000$ litres.
1050. R. $\frac{222444000}{1000} = 222444$ litres.

1051. R. $\frac{160000000}{1000000}$ = 160 litres.
1052. R. $\frac{30000}{1000}$ = 30 mètres cubes.
1053. R. 500 mètres cubes.
1054. R. $\frac{20000}{100}$ = 200 décilitres.
1055. R. 120 × 1000000 = 120000000 de millim. cubes.
1056. R. 6400 kilog.
1057. R. $\frac{5000}{1000}$ = 5 grammes.
1058. R. 900 centimètres cubes.
1059. R. 11 × 6 = 66 kilolitres, 66 × 1000 = 66000 lit.; $\frac{66000}{100}$ = 660 fr.
1060. R. 4 fr.
1061. R. 200 fr.
1062. R. 9 décimes.
1063. R. 5 millièmes.
1064. R. 30 fr.
1065. R. 10025 fr.
1066. R. 5 décimes.
1067. R. 3 centimes.
1068. R. 1 fr.
1069. R. 2500000 fr.
1070. R. 50 fr.
1071. R. 1f,20.
1072. R. 1080 fr.
1073. R. 1f,20.
1074. R. 90000000 fr.
1075. R. 9 millionièmes.
1076. R. 6 millionièmes.
1077. R. 64064064f,06 $\frac{406}{999}$.
1078. R. 5 millièmes.
1079. R. 36 centimes.
1080. R. 50 fr.
1081. R. 200 fr.
1082. R. 9 fr.
1083. R. 10 fr.
1084. R. 20 fr.
1085. R. 10000 fr.
1086. R. 2 décimes.
1087. R. 20100 fr.
1088. R. 190 fr.
1089. R. 9 fr.
1090. R. 5 fr., 5 décimes, 5 centimes.
1091. R. 40 fr., 400 fr., 4000 fr., 40000 fr.

1092. R. 4 centimes, 4 millièmes.
1093. R. 8 fr., 80 fr., 800 fr.
1094. R. 1 centime, 1 millième, 1 dix-millième.
1095. R. 0,4, 4 fr., 40 fr. et 400 fr.
1096. R. 1f,50.
1097. R. 80 fr.
1098. R. 8 décimes.
1099. R. 9000 fr.
1100. R. 1 décime, 1 dix-millième, 1 dix-millionième.
1101. R. 1 mèt. 2 décimètres.
1102. R. 2 grammes 7 décigrammes.
1103. R. 94 litres 89 centilitres.
1104. R. 49 stères 9 décist. 8 centist.
1105. R. 40 fr.
1106. R. 61380.
1107. R. 266,9.
1108. R. 10 kilog. 4 décag. 9 grammes.
1109. R. 6 hect. 65 ares 97 centiares.
1110. R. 55 m. cubes 805 décimètres cubes.
1111. R. 12990^{m},97.
1112. R. 710f,209.
1113. R. 18447 kilog. 569 gr. 36 centig.
1114. R. 3875 stères.
1115. R. 1051 litres.
1116. R. 3527 mètres carrés.
1117. R. 235 ares 30 centiares.
1118. R. 371 hectares 79 ares 38 centiares.
1119. R. 529 ares 89 centiares.
1120. R. 1127^{mmm},120^{d}. 280^{c}. 999^{m}.
1121. R. 22^{mmm},324244989.
1122. R. 1258f,75.
1123. R. 900 fr.
1124. R. 2890f,83.
1125. R. 4008 fr.
1126. R. 184 mètres pour 2516 fr.
1127. R. 282 k. 412 gr.
1128. R. 10056 fr.
1129. R. 10143 litres.

SOUSTRACTION.

1130. R. 7 myr, 4 k. 6 hect. 3 déca. 8 unités.
1131. R. 19 k. 660 unités.
1132. R. 5141 myr. 167 déca.
1133. R. 23 mètres.

1134. R. 390 ares 25 centiares.
1135. R. 2835f,75.
1136. R. 58 k. 75 déca.
1137. R. 2853f,48.
1138. R. 7344 fr.
1139. R. 387 fr.
1140. R. 201 stères.
1141. R. 35 k. 58 déca.
1142. R. 12 kilomèt.
1143. R. 12 hectares 11 ares 76 centiares.
1144. R. 47f,32.
1145. R. 510 fr.
1146. R. 13629f,48.
1147. R. 741 mètres cubes.
1148. R. 2317litres,25.
1149. R. 562f,90.
1150. R. 15mètres,70 et 340 fr.
1151. R. 907f,50.
1152. R. 24 hectolitres 51 litres.
1153. R. 81507 hect. 15 litres.
1154. R. 10 kilog. 83 grammes.
1155. R. 386 fr.

MULTIPLICATION.

1156. R. 13050 mètres.
1157. R. 178 mèt. 50 cent.
1158. R. 195f,75.
1159. R. 417 fr.
1160. R. 4200 fr.
1161. R. 381f,9375.
1162. R. 1238f,95.
1163. R. 25mètres,20
1164. R. 457 kilog. 50 décag.
1165. R. 2033f,04.
1166. R. 2760 mètres.
1167. R. 41986 kilog. 440 gr.
1168. R. 651 mètres.
1169. R. 934f,50.
1170. R. 37305f,75.
1171. R. 836000 mètres.
1172. R. 3288 fr.
1173. R. 17280 fr.
1174. R. 100f,80.
1175. R. 27f,75.

1176. R. 1542 fr.
1177. R. 25812f,50.
1178. R. 51f,84.
1179. R. 1152 fr.
1180. R. 3043f,425.
1181. R. 6552 fr.
1182. R. 17198 mèt. carrés 80 décimèt. carrés.
1183. R. 1262f,25.
1184. R. 3557f,40.
1185. R. 22080 litres.
1186. R. 82125 fr.
1187. R. 165f,888.
1188. R. 140 fr.
1189. R. 157 fr.
1190. R. 1144 fr.
1191. R. 561 hectares 01 are 44 centiares.
1192. R. 430 mètres cubes.
1193. R. 75070 mèt.
1194. R. 175200 ares.
1195. R. 6880f,556.
1196. R. 10396 décalitres.
1197. R. 750 mètres.
1198. R. 2542000 kilog.
1199. R. 1re 93f,50, 2e 935 fr., 3e 9350 fr.
1200. R. 3f,60.
1201. R. 1841f,75 cent.
1202. R. 9627f,20.
1203. R. 1515f,304.
1204. R. 150f,80.
1205. R. 1re 5379 fr., 2e 404f,80.

DIVISION.

1206. R. 782 mèt. 9 décamèt.
1207. R. 62 kilomèt. 4 hect.
1208. R. 234 myriag. 7282 grammes.
1209. R. 435 hectog. 78 grammes.
1210. R. 14 hectares 82 ares 78 centiares.
1211. R. 214 ares 57 centiares.
1212. R. 987 mèt. carrés 3529 centimèt. carrés.
1213. R. 123 myriamèt. carrés 4567 hectomèt. carrés.
1214. R. 43 mètres cubes 578899000 millimètres cubes.
1215. R. 212 hectolitres 27 litres.
1216. R. 9031 stères 2 décistères.
1217. R. 116 fr.

1218. R. 45 bons points.
1219. R. 12 fr.
1220. R. 1f,50.
1221. R. 148 mèt.
1222. R. 36 jours.
1223. R. 152 kilog.
1224. R. 124 pièces.
1225. R. 5 fr.
1226. R. 75 douzaines.
1227. R. 74 hectolitres 96 litres 42 cent.
1228. R. 400 hectomètres.
1229. R. 2f,50.
1230. R. 95f,20.
1231. R. 12 hectares 40 ares 28 centiares, reste 2.
1232. R. 425 kilog.
1233. R. 1f,40.
1234. R. 0f,60.
1235. R. 14f,14.
1236. R. 6 hectog. 75 gram.
1237. R. 142 kilog.
1238. R. 0f,15.
1239. R. 69 volumes.
1240. R. 410 fr.
1241. R. 8 jours.
1242. R. 112 mèt. 53 cent., reste 5.
1243. R. 31f,8153.
1244. R. 54f,16.
1245. R. 4 fr.
1246. R. 1re 12 fr., 2e 13f,0583, reste $\frac{1}{2}$.
1247. R. 1re 3059f,90, 2e 0f,50 cent.
1248. R. 0f,70.
1249. R. 8f,50.
1250. R. 1f,512, reste 1520.
1251. R. 150 douzaines.
1252. R. 2919 fr.
1253. R. 0f,178 $+ \frac{6}{13}$.

MONNAIES DE FRANCE ET MATIÈRES D'OR ET D'ARGENT.

1254. $2,5 + 30 + 25 =$ R. 57gram.,5

1255. $\frac{1000}{15\frac{1}{2}} =$ R. 64gram.,516 $\frac{4}{31}$.

1256. $\frac{25\times3}{1000}$ = 0gram.,075, 0,075 = 1re R. 25gram.,075; 25 gram. — 0,075 = 2e R. 24gram.,925.

1257. $\frac{6\text{ gr. }45161\times2}{1000}$ = 0gr.,01290, 6gr.,45161 + 0gr.,01290 = 1re R. 6gr.,46451. 6gr.,45161 — 0gr.,01290 = 2e R. 6gr.,43871.

1258. $\frac{5\times3}{1000}$ = R. 0f,015.

1259. $\frac{20\times2}{1000}$ = R. 0f,04 cent.

1260. 12gr.,90322 — 12gr.,804 = R. 0gr.,09922, ou 30 cent.

1261. 5000 — 4950 = R. 50 gram., ou 10 fr.

1262. $\frac{1}{10}+\frac{2}{1000}=\frac{102}{1000}$ d'alliage; $\frac{1000}{1000}-\frac{102}{1000}$ = R. $\frac{898}{1000}$ d'or pur ou de titre.

1263. $\frac{1}{10}-\frac{2}{1000}=\frac{98}{1000}$ d'alliage; $\frac{1000}{1000}-\frac{98}{1000}$ = R. $\frac{902}{1000}$ d'or pur ou de titre.

1264. $\frac{1}{10}+\frac{3}{1000}=\frac{103}{1000}$ d'alliage; $\frac{1000}{1000}-\frac{103}{1000}$ = R. $\frac{897}{1000}$ d'argent pur ou de titre.

1265. $\frac{1}{10}-\frac{3}{1000}=\frac{97}{1000}$ d'alliage; $\frac{1000}{1000}-\frac{97}{1000}$ = R. $\frac{903}{1000}$ pour titre ou d'argent pur.

1266. $\frac{5000}{5}$ = R. 1000 fr.

1267. $\frac{355}{5}$ = R. 71 fr.

1268. $\frac{1555}{5}$ = R. 311 fr.

1269. 6gr.,45161 : 20 fr. :: 100 gr. : $x=\frac{20\times1000}{6,45161}$ = R. 3100 fr., à un millième près.

1270. 10 kilog. = 2000 fr.; 3 × 10 = 30 fr.; 2000 fr. — 30 = R. 1970 fr.

1271. 1 kilog. = 3100 fr.; 3100 fr. + 3100 = 6200; 6200 — 18 = R. 6182 fr.

1272. 1 kilog. d'argent pur vaut 200 fr. + $\frac{1}{10}$; $\frac{200\times10}{9}$ = 222f,22; 222,22 × 5 = R. 1111f,10.

1273. 218,89 × 100 = R. 21889 fr.

1274. 197 × 10 = R. 1970 fr.

1275. $\frac{3434,44}{2}$ = R. 1717f,22 cent.

1276. $3091 \times 8 =$ R. 24728 fr.

1277. Le fr. pèse 5 gr. ; $40 \times 5 = 200$ gr., poids d'un fr. en cuivre ; $\frac{50000}{20} =$ R. 250 fr.

1278. $\frac{4 \text{ kilog.} \times 95}{100} =$ R. 3 kilog. 8 hectog.

1279. $\frac{10 \times 80}{100} =$ R. 8 kilog.

1280. $\frac{11000 \times 0,92}{100} =$ R. 10 kilog. 12 décag.

1281. $\frac{0,84 \times 500}{100} =$ R. 420 gram.

1282. $\frac{1500 \times 0,75}{100} =$ R. 1125 gram.

1283. $\frac{2450 \times 0,95}{100} =$ 2327gr.,50 d'argent pur ; 2327gr.,5 $\times$ 218f,89 = R. 509 fr. 46 centimes.

1284. $\frac{3000 \times 0,80}{100} =$ 2400 gr. d'argent pur ; 2400 $\times$ 218f,89 = R. 525f,336.

1285. $\frac{0,92 \times 540}{100} =$ 0k,496gram.,8 d'or pur ; 3,43444 $\times$ 496,8 = R. 1706f,229792.

1286. $\frac{10000 \times 0,84}{100} =$ 8400 gr. d'or pur ; 8k,4 $\times$ 3434f,44 = R. 28849f,296 mil.

1287. $225 \times 12 = 2700$ gr. ; $\frac{2700 \times 0,75}{100} = 2025$ gr. d'or pur ; 2,025 $\times$ 3434f,44 = R. 6954f,741.

1288. $58 \times$ 1f,1 = R. 63f,8.

1289. $1985 \times 22 =$ R. 436f,70.

1290. $\frac{1000}{10} =$ R. 1 hectog.

1291. R. 9 hectog.

1292. $20000 \times 5 = 100000$ gram. ; $\frac{100000}{10} =$ R. 10 kilog.

1293. $200 \times 5 = 1000$ gr. ; $\frac{1000}{10} =$ R. 9 hectog.

1294. $\frac{25025-55}{5} =$ R. 4994 fr.

1295. $240000 \times 5 =$ R. 1200000 grammes = 1200 kilog.

1296. $10 \times 20 = 200$ gram., poids d'un fr. en cuivre ; $200 \times 20000 =$ R. 4000000 de grammes = 4000 kilog.

1297. $1750 \times 0^m,027 =$ R. $47^m,25$.

1298. $20 \times 10 = 200$ gr. $= 1$ fr.; 6 kilog. $= 1200$ fr.; $1200 \times 200 =$ R. 240 kilog.

1299. $2 \times 100 = 200$ gr. $= 1$ fr.; $\frac{3400000}{200} =$ R. 1700 fr.

1300. $\frac{46000000000}{6gr.,45161} = 71300 + \frac{20700}{645161}$; $71300 + \frac{20700}{645161} \times 20 =$ R. 1426000 fr. $+ \frac{414000}{645161}$.

1301. $\frac{31}{15\frac{1}{2}} =$ R. 2 kilog.

1302. $620 \times 4 =$ R. 2480 kilog.

1303. $\frac{1240}{620} =$ R. 2 kilog.

1304. $5 \times 40 =$ R. 200 kilog.

1305. $1 \times 40 =$ R 40 kilog.

1306. $\frac{20}{620} =$ R. 32gram.,258 $\frac{2}{31}$.

1307. R. 370 mètres.

1308. $\frac{1000}{37} =$ R. 27 pièces $\frac{1}{37}$.

1309. $\frac{10^m,000}{26} =$ R. 384 pièces $\frac{8}{13}$.

1310. $\frac{21,000}{21} =$ R. 1000 pièces.

1311. $\frac{27,000}{27} =$ R. 1000 pièces.

1312. $\frac{2^m,300}{23} =$ R. 100 pièces.

1313. $\frac{180^m,000}{18} =$ R. 10000 pièces.

1314. $\frac{15^m,000}{15} =$ R. 1000 pièces.

1315. $\frac{10000}{40} = 250$ mètres; $\frac{250000}{37} = 6756$ pièces $\frac{28}{37}$; $6756\frac{28}{37} \times 5 =$ R. 33783 fr. $\frac{29}{37}$.

1316. $\frac{1000}{23} = 43\frac{11}{23}$; $\frac{600}{23} = 26\frac{2}{23}$; $42 \times 26 \times 10 =$ R. 10920 fr., en négligeant les fractions.

EXERCICES SUR LES MONNAIES ÉTRANGÈRES.

1317. 11,93 × 100 = R. 1193 fr.
1318. 2f,16 × 1000 = R. 2160 fr.
1319. 8151 × 1000 = R. 815100 fr.
1320. 5,434 × 10 = R. 54 fr. 34 centimes.

1321. Le réal = 1f,0868; $\frac{1000}{1,0868}$ = R. 920 $\frac{1440}{1,0868}$.

1322. 26,47 × 20 = 529f,40; 25,21 × 30 = 756,30; 5,81 × 50 = 290,50; 1,16 × 60 = 69,60; 529,40 + 756,30 + 290,5 + 69,60 = R. 1645f,80.
1323. 150 × 100 = R. 15000 fr.
1324. 20 × 100 + 11,95 × 10 = R. 2119f,50.

1325. $\frac{11230 \times 54\frac{1}{2}}{120}$ = R. 5100 florins $\frac{1}{2}$.

1326. 6248 : 25,2 = R. 247 livres sterlings $\frac{59}{63}$.
1327. 200000000 : 254,45 = R. 7860 florins $\frac{460}{5089}$.
1328. 30000 : 14 = R. 21428 roubles $\frac{4}{7}$.
1329. R. 519 fr.
1330. R. 127 fr.
1331. (5f,72 × 1000) : 5 = R. 1144 pièces.
1332. R. 283 fr.
1333. 500 : 5,43 = R. 92 piastres $\frac{44}{543}$.
1334. 250 : 5,41 = R. 46 écus $\frac{114}{541}$.
1335. 95 : 5,42 = R. 87 dollars $\frac{173}{271}$.
1336. 2000 : 2,42 = R. 826 roupis $\frac{54}{121}$.
1337. (60 × 5) : 0,425 = R. 705 carlins $\frac{15}{17}$.
1338. 5,18 × 1000 = R. 5180 fr.
1339. (40 × 50) : 0,97 = R. 2061 abassis $\frac{83}{97}$.
1340. (195 × 20) : 6,12 = 637,255; 637,255 × 1000 = R. 637255 reis.
1341. (54464 × 100) : 11 = R. 495127 silbergros.
1342. 20000 : 4,70 = R. 4255 écus $\frac{15}{47}$.
1343. 1050000 : 3 = 350000 fr. chacune; 350000 : 5 = 1re R. 70000 écus de 5 fr.; 350000 : 4 = 2e R. 87500 roubles; 350000 : 1,5 = 3e R. 233333 frankens $\frac{1}{3}$.
1344. 3200 : 2,5975 = R. 1231 florins $\frac{247}{259}$.

1345. 3000 × 0,561 = R. 1683 fr.
1346. 5,7573 × 85000 = R. 489370f,50.
1347. 1,95 × 3000 = 5850 ; 9400 − 5850 = R. 3550.
1348. (369 × 5,45) : 365 = R. 5f,48 $\frac{[illegible]}{365}$.

MESURES ÉTRANGÈRES.

1349. $111111^{\text{m}},4$: 54 = $2057^{\text{m}},61$; le stade = $\frac{2057,61}{8}$ ou $257^{\text{m}},20$.

1350. 0,2826 × 3 = $0^{\text{m}},8478$, valeur du vare.
0,2826 × 5 = $1^{\text{m}},413$, valeur du pac.
0,2826 × 6 = $1^{\text{m}},696$, valeur de la brasse.
0,2826 × 11 = $3^{\text{m}},109$, valeur de l'estadal.
1351. 16 : 8 = R. 2 litr., valeur de l'acumbre.
16 × 16 = 256 litr., valeur du muid.
1352. Le pouce = $0^{\text{m}},0254$, car le mètre divisé par $39^{\text{pouces}},37079$ = $0^{\text{m}},0254$; $0^{\text{m}},0254$ × 12 = $0^{\text{m}},3048$, valeur du pied anglais.
$0^{\text{m}},3048$ × 5280 = $1609^{\text{m}},344$, valeur du mille anglais.
1609 : 8 = $201^{\text{m}},16$, valeur du furlong.
$201^{\text{m}},16$: 40 = $5^{\text{m}},029$, valeur de la perche.
1353. Le gallon = $4^{\text{litr.}},543$.
Le quart = 4,543 : 4, ou $1^{\text{litr.}},135$.
La pinte = 4,543 : 8, ou $0^{\text{litr.}},568$.
Le peck vaut 2 gallons, ou $4^{\text{litr.}},543$ × 2 = $9^{\text{litr.}},086$.
Le bushel vaut 8 gallons, ou $4^{\text{litr.}},543$ × 8 = $36^{\text{litr.}},344$.
Le sack vaut 3 bushel, ou $36^{\text{litr.}},344$ × 3 = $109^{\text{litr.}},032$.
Le quartier vaut 8 bushel, ou $36^{\text{litr.}},344$ × 8 = $290^{\text{litr.}},752$.
Le chaldron vaut 12 sacks, ou $109^{\text{litr.}},032$ × 12 = $1308^{\text{litr.}},384$.
1354. Valeur du pied, $296^{\text{millim.}},9$.
Valeur du pouce, 296,9 : 10 = $29^{\text{millim.}},69$.
Valeur de la ligne, 29,69 : 10 = $2^{\text{millim.}},969$.
L'elle vaut 2 pieds, ou $296^{\text{m}},9$ × 2 = $593^{\text{millim.}},8$.
La fourn vaut 3 elles, ou 593,8 × 3 = $1871^{\text{millim.}},4$.
La ruth vaut 16 pieds, ou 296,9 × 16 = $4^{\text{mètres}},75$.
1355. Valeur de l'archine, 718 millim.
Le pied vaut 2 fois moins, ou 718 : 2 = 359 millim.
Le verschock est la 8e partie du pied, ou 359 : 8 = $44^{\text{milli.}},87$.
Le doigt est la 2e partie du verschock, ou 44,87 : 2 = $22^{\text{milli.}},43$.

La sagène vaut 3 arschimes, ou 718 × 3 = 2mètr.,154.
Le verst vaut 500 sagènes, ou 2m,154 × 500 = 1077 mètres.

1356. Valeur du pied, 313millim.,85.
Le pouce vaut 12 fois moins, ou 313mill.85 : 12 = 26mill.,15.
La toise vaut 6 pieds, ou 313milli.,85 × 6 = 1m,883.
La perche vaut 2 toises, ou 1m,883 × 2 = 3m,766.
Le mille vaut 2000 perches, ou 3m,766 × 2000 = 7592 mètres.

RÈGLE DES ÉPOQUES POUR LES PAIEMENTS.

1357. (1200 × 12 + 600 × 3) — 1200 + 600 = R. après 9 mois.

1358. (40 × 6 + 80 × 9 + 15 × 100) : 80 + 40 + 100 = R. 11 mois $\frac{2}{11}$.

1359. (3000 × 9 + 4800 × 14 + 7920 × 18 + 9000 × 24) : 3000 + 4800 + 7920 + 9000 = R. 18 mois $\frac{195}{618}$.

1360. (650 × 9 + 940 × 15 + 2400 × 18 + 3600 × 21 + 8220 × 13) : 650 + 940 + 2400 + 3600 + 8220 = R. 15 mois $\frac{848}{1581}$.

1361. (90 × 15 × 3 + 120 × 15 × 5 + 200 × 15 × 9) : (90 × 15 + 120 × 15 + 200 × 15) = R. 6 mois $\frac{21}{41}$ après le 1er août, ou le 14 février.

1362. (25 × 5 + 25 × 10) : 75 = R. 5 ans.

1363. (8 + 7 + 6 + 5 + 4 + 3 + 2 + 1) : 8 = R. 4 ans $\frac{1}{2}$.

1364. (3000 × 9 + 1500 × 18 + 2000 × 12) : 3000 + 1500 + 2000 = R. 12 mois.

1365. (200 × 3 + 300 × 5 + 500 × 10 + 200 × 12) : 200 + 300 + 500 + 200 = R. 7 mois $\frac{11}{12}$.

1366. ($\frac{45000 \times 6}{4}$ + $\frac{45000 \times 12}{3}$ + $\frac{45000 \times 18}{6}$ + 11250 × 24) : ($\frac{45000}{4}$ + $\frac{45000}{3}$ + $\frac{45000}{6}$ + 11250) = R. 14 mois $\frac{1}{2}$.

1367. (2520 × 12 — 1260 × 6) : 1260 = R. 18 mois.

1368. (63000 × 120 — 60000 × 111) : (3000 × 12) = R. 25 ans.

1369. (3600 × 10 + 900 × 4) : 3000 = R. 13 mois $\frac{1}{5}$.

1370. (90000 × 12) : 18 = R. 60000 fr. pour le plus fort paiement.

1371. $(90000 \times 12 - 67500 \times 9) : 22500 =$ R. 21 mois.

1372. $(4800 \times 24 - 1600 \times 9 + 1200 \times 15) : 2000 =$ R. 3 ans 5 mois $\frac{2}{5}$.

1373. La $\frac{1}{2} = 7500$; $(15000 \times 14 - 7500 \times 9) : 7500 =$ R. 19 mois.

PROGRESSIONS ARITHMÉTIQUES.

1374. $(200 \times 0{,}10) + 0{,}05 =$ R. 20f,05.
1375. $(20{,}05 + 0{,}05) \times 100{,}50 =$ R. 2020f,05.
1376. $(1000 \times 0{,}2) + 0{,}15 =$ R. 200 mètr. 15 cent.
1377. $330 - (14 \times 20) =$ R. 50 fr.

PROGRESSIONS GÉOMÉTRIQUES.

1378. $4^{17} \times 0{,}05 =$ R. 858993f,592.

1379. $\frac{(858993{,}592 \times 4) - 5}{3} =$ R. 1145324f,121.

1380. $\frac{(2 \times 4^{5} \times 4) - 2}{4 - 1} =$ R. 2730 fr.

1381. $\frac{118098}{6} = 19683$; $\sqrt[3]{19683} = 27$; $\sqrt[3]{27} =$ R. 3.

1382. $4251528 : 3^{12} =$ R. 8.

CYCLES, GÉOGRAPHIE ET ASTRONOMIE.

1383. R. 9 ans.
1384. R. 66 cycles 9 ans.
1385 R. 71 cycles et 21 ans.
1386. R. 21 ans.
1387. R. 18 ans.
1388. R. 97 cycles et 18 ans.
1389. R. 15 ans.

1390. Le nombre d'or $8 - 1 = 7$; $\frac{7 \times 11}{30}$ donne 2 pour quotient et 17 de reste; l'épacte est donc 17.

1391. R. 14 jours.
1392. R. 17 jours.
1393. R. 7 jours.
1394. R. 17 jours.
1395. R. 22 jours.

1396. 20 climats de demi-heures font 10 heures; 10 + 12 = R. 22 heures.

1397. $\frac{16}{2}$ + 12 = R. 20 heures.

1398. $\frac{8}{2}$ + 12 = R. 16 heures.

1399. $\frac{13}{2}$ + 12 = R. 18 h. $\frac{1}{2}$.

1400. 14 − 12 × 2 = R. 4^e climat.

1401. 23 − 12 × 2 = R. 22^e climat.

1402. 60 : 15 = R. 4 heures du soir.

1403. $\frac{111-9}{15}$ = R. 6 heures 48 min.

1404. (7 + 6) × 4 = 52 minutes. R. 11 heures 8 minutes du soir.

1405. 20 × 4 = 80 minutes, ou 1 h. 20 min. R. 11 h. 20 m. du matin.

1406. R. 86° ouest.

1407. La latitude est 32° nord; (4 × 15) − 4 = R. 56° long. ouest.

1408. 111444 : 60 = R. 1857$^{\text{mètr.}}$,4.

1409. (51 + 34) × 111444 = R. 9472 kilomètres 740 mèt.

1410. 1835 + 75 $\frac{1}{2}$ = 1910 $\frac{1}{2}$; ainsi, elle paraîtra dans le courant de l'année 1911.

1411. $\frac{365 \times 100}{(365 \times 3) + 180}$ = R. 28 révolutions $\frac{32}{51}$.

1412. $\frac{8958 \times 2}{7}$ = R. 2557 $\frac{3}{7}$

1413. 1re R. $\frac{72828 \times 2}{9}$ = 16184.

2e R. $\frac{72828 \times 1}{5}$ = 14565 $\frac{3}{5}$.

3e R. $\frac{72828 \times 3}{8}$ = 27310 $\frac{1}{2}$.

4e R. 14767 $\frac{9}{10}$

1414. 5745 $\frac{3}{4}$: 182 $\frac{1}{3}$ = R. 31 kilom. 512 mètr. $\frac{186}{547}$.

1415. $\frac{1}{2}$ + $\frac{1}{3}$ = $\frac{5}{6}$; le reste est le $\frac{1}{6}$ du nombre; il faut donc multiplier ce reste par 6. La longueur de la route est 56280.

1416. 30° × 72 = R. 2160 ans.

1417. 360° × 72 = R. 25920 ans.

1418. 360° : 88 = R. 4° $\frac{1}{11}$.

1419. $\frac{15000000000}{400 \times 60 \times 60 \times 24 \times 365}$ = R. 12 ans $\frac{47}{365}$.

1420. $((365 \times 24 + 5) \times 60 + 49) \times 2844444,26$ = R. 970083614102$^{\text{mètr.}}$,74.

1421. $(360 \times 60 \times 60 \times 24) : (124 \times 24) + 17 =$ R. 10392 secondes $\frac{744}{2993}$.

1422. $16 \times 10 \times 6 = 960$, dénom. comm. ;

$$\begin{aligned} \tfrac{1}{16} \times 60 &= 60 \\ \tfrac{9}{10} \times 96 &= 864 \\ \tfrac{1}{6} \times 160 &= 160 \\ \hline & \ 1084 \end{aligned}$$

$$R = \frac{1084}{960} \text{ ou } 1\tfrac{31}{240}.$$

1423. $\frac{(365 \times 4) + 1}{4} : \frac{(25 \times 2) + 1}{2} =$ R. 14 tours $\frac{11}{34}$.

1424. $475 \times 24 + 24 \times \frac{3}{4} \times 60 \times 60 : 300 \times 60 \times 60 =$ R. 38 heures 3 minutes 36 secondes, ou 1 jour 14 heures 3 minutes 36 secondes.

1425. $\frac{4}{49} + \frac{1}{3} = \frac{52}{147}$. La terre égale l'unité, ou $\frac{147}{147}$; le soleil est 1328000 fois plus gros que la terre. $147 \times 1328000 = 195216000$; $195216000 : 52 =$ R. 3754538 $\frac{6}{13}$.

1426. $\frac{1}{5} - (\frac{1}{5} \times \frac{8}{10000}) =$ R. $\frac{1249}{6250}$.

1427. $(12733 : 309) - 9 =$ R. 32 kilog. $\frac{64}{309}$.

1428. $1440 : 20\frac{2}{3} =$ R. 69 jours $\frac{21}{31}$.

1429. $\frac{4444\frac{1}{3} \times 26000000}{9} =$ R. 513554568222222^{mm} $\frac{2}{9}$.

1430. $\frac{4444\frac{1}{3} \times 1240000000}{27} =$
R. 1088532896416992592^{mmm} $\frac{16}{27}$.

1431. Ajoutez neuf zéros à la réponse précédente, et vous aurez :
= R. 1088532896416992592000000000, à la fraction près.

1432. $111108\frac{1}{3} = \frac{333325}{3}$; $100\frac{1}{7} = \frac{701}{7}$; $\frac{333325}{3} : \frac{701}{7} = \frac{2333275}{2103}$; $\frac{2333275 \times 2}{2103 \times 365} =$ R. 6 ans 28 j. 23 h. 55 min. $\frac{145}{701}$.

1433. 365 j. 6 h. — 185 j. 3 h. 37 min. 7 second. = R. 180 j. 2 h. 22 min. 57 secondes.

1434. $6355396 \times 60\frac{1}{4}$ = R. 382912609 mètr.

1435. $\sqrt[3]{1057088857564}$ = R. 10186 kilomètres, reste 244542708.

PROBLÈMES DIVERS.

1436. 600 : 16 = R. 37gram.,5.
1437. R. 120 œufs.
1438. $\frac{6930}{3} = 2310$; $\frac{6930-2310}{6}$ = R. 770 fr.
1439. R. 9 de 10 et 1 de 5.
1440. R. 30 fr.
1441. R. 160 fr.
1442. R. Le maître doit 70 fr.
1443. R. 9 fr.
1444. R. 37 ans.
1445. R. 17e et 18e siècle.
1446. R. 32 souverains.
1447. R. 42 ans.
1448. R. 16 ans.
1449. R. l'an 5230.
1450. R. en l'an 5968.
1451. R. l'an 5444.
1452. R. 360 mètres.
1453. R. 300 mètres.
1454. R. 601 fr. $\frac{2}{3}$.
1455. R. 12 jours.
1456. R. 3 jours $\frac{3}{4}$.
1457. R. 880000 fr.
1458. R. 32 mètres.
1459. R. 7f,875.
1460. R. 24 secondes.
1461. R. 1200 tours
1462. R. 239 litres 5 décilitres.
1463. R. 6 mètres.
1464. R. 844.
1465. R. 2187.
1466. R. 80 ans.
1467. R. 65536.
1468. R. 60 choux.
1469. R. 5hectares,1111 $\frac{1}{9}$.
1470. R. 1 hectare.
1471. R. 53333 fr. $\frac{1}{3}$.

1472. R. 2444 fr.
1473. R. 16000 fr.
1474. R. 6 décimètres.
1475. R. 160 fr.
1476. R. l'assureur touchera 2680 fr.
1477. R. le 1er perd 2666 fr. $\frac{2}{3}$; le 2e 2133 fr. $\frac{1}{3}$.
1478. R. 98 fr. $\frac{[illegible]}{17}$
1479. 1re R. 10526 fr. $\frac{6}{19}$; 2e R. 5263 fr. $\frac{3}{19}$;
3e R. 4210 fr. $\frac{10}{19}$.
1480. 1re R. 1mètr.,5625; 2e R. 0mètr.,625; 3e R. 0mètr.,3125.
1481. 1re R. 2f,66 $\frac{2}{3}$; 2e R. 2f,98 $\frac{2}{3}$...
1482. R. 100 fr... 94 fr... 89f,3... 86f,521... 85f,75479.
1483. R. 13 heures 9 minutes... reste 395 mètr.
1884. R. 19 décistères 2 centist.
1485. R. 102 dés.
1486. R. 117 mètres $\frac{33}{51}$.
1487. R. 25 fr.
1488. R. 1000 fr.
1489. R. 500 fr.
1490. R. 6000 fr.
1491. La circonf. extér. $= \frac{22 \times 21}{7}$ ou 66^m; $66 \times \frac{21}{4} =$ surface totale $346^{mm},50$; la circonf. intér. $= \frac{(21 - 1,68 \times 2) \times 22}{7}$ ou $55^m,44$; $55^m,44 \times \frac{21 - 1,68 \times 2}{4} =$ surface intérieure $244^{mm},4904$. $346,50 - 244,4904 =$ surface de la couronne $102^{mm},0096$; $102^{mmm},0096 \times 200 = 20401^{mmm},920$; $20401^{mmm},920 \times 20 =$ R. 408038 fr. 40.
1492. R. 82 fr., 86 $\frac{18}{37}$.
1493. R. 207 fr. 50.
1494. R. 1 fr. 56 $\frac{12}{23}$.
1495. R. 35000 fr.
1496. La moindre part $= \frac{7660}{2} - \frac{1580}{2}$ ou 3040 fr.; l'autre part $= \frac{7660}{2} + \frac{1580}{2}$ ou 4620 fr.
1497. $\sqrt{1200 \times 3} =$ R. 60 fr.
1498. $\sqrt{1600000 \times 4 \times 3 \times 5} =$ R. 240000 fr.
1499. $\sqrt[10]{1024} =$ R. 2 fr.

1500. $(59999 \times 10 + 10 + 10) \times 30000 =$ R. 18000300000 fr.

1501. $$18 \left\{ \begin{array}{l} 3 \\ 20 \text{ prix sup.} \\ 15 \text{ prix inf.} \\ 2 \end{array} \right. \text{R.} \left\{ \begin{array}{l} 3 \text{ hectol. à } 20 \text{ fr.} = 15 \text{ doubl.} \\ \quad \text{décal. à } 4 \text{ fr.} \\ 2 \text{ hectol. à } 15 \text{ fr.} = 10 \text{ doubl.} \\ \quad \text{décal. à } 3 \text{ fr.} \end{array} \right.$$

1502. $$2{,}50 \left\{ \begin{array}{l} 1{,}50 \quad 0{,}50 \\ 3 \ldots 202 \text{ prix s}^{\text{r}}. \\ 1 \ldots 2 \text{ prix inf.} \\ 0{,}50 \quad 199{,}5 \end{array} \right. \text{R.} \left\{ \begin{array}{l} \frac{1}{2} \text{ kilog. d'argent.} \\ 1\frac{1}{2} \text{ kilog. de bronze.} \\ \frac{1}{2} \text{ kilog. d'étain.} \\ 199\frac{1}{2} \text{ kilog. de cuivre.} \end{array} \right.$$

1503. $3^{11} \times 5 =$ R. 885735 fr.

1504. $\frac{(885735 \times 3) - 5}{2} =$ R. 1328600.

1505. $\sqrt[3]{85184} =$ R. 44.

1506. $4^3 =$ R. 85184 fr.

1507. $\sqrt[3]{1061208} =$ R. 102.

1508. $$13 \left\{ \begin{array}{ll} 14 \ldots & 16 \\ 5 & 1 \\ 8 \ldots & 12 \\ 1 & 3 \end{array} \right. \quad 5 + 1 + 1 + 3 = 10.$$ Puisque pour un mélange de 10 hectolitres il en faut 5 à 14 fr., 1 à 16, 1 à 8 et 3 à 12, on trouvera ce qu'il en faut pour un mélange de 408 hectol. pour la proportion suivante :

$$10 : 408 :: \left\{ \begin{array}{l} 5 : x = \\ 1 : x = \\ 1 : x = \\ 3 : x = \end{array} \right\} \text{R.} \left\{ \begin{array}{l} 204 \text{ hectol. à } 14 \text{ fr.} \\ 40{,}8 \ldots\ldots \text{ à } 16 \text{ fr.} \\ 40{,}8 \ldots\ldots \text{ à } 8 \text{ fr.} \\ 122{,}4 \ldots\ldots \text{ à } 12 \text{ fr.} \end{array} \right.$$

1509. $(1800 + 7200 + 26000 + 72000 + 81000 + 87200 + 129600 + 162000) : 8 =$ R. 70850 mètres.

1510. $(75 \times 2 \times 149 \times 10) : 60 \times 60 =$ R. 62 heures 5 min.

1511. $6 \times 5 \times 4 \times 3 \times 2 = 720$, nombre des permutations ; $720 : 2 =$ R. 360 minutes ou 6 heures.

1512. La surface de la coupole $= \dfrac{12^{m},122 \times 12^{m},122 \times 3\frac{1}{7}}{2}$ $= 230^{mm},91$; $23091 \times 0^{f},25 =$ R. 5772 fr. 75.

1513. 1000000 de décimètre cube, valeur du stère : (150×100) produit des deux dimensions connues $=$ R. $0^{m},66\frac{2}{3}$.

1514. $\left.\begin{array}{l} \frac{2}{9} \times 7 = \frac{14}{63} \\ \frac{3}{7} \times 9 = \frac{27}{63} \\ \frac{1}{3} \times 21 = \frac{21}{63} \end{array}\right\}$ $\frac{62}{63} \times 365$ jours $= \frac{62 \times 365}{63} = 359$ stères $\frac{13}{63}$.

$359\frac{13}{63} : 3 = 119^{mm}\frac{139}{189}$ emplacement du bûcher ;

$119^{mm}\frac{139}{188} \times 3$ fr. $= 359$ fr. $\frac{42}{6}$ dépenses pour l'emplacement ;

$359\frac{13}{63} \times 9 = 3232$ fr. $\frac{6}{7}$ prix du bois ; 3232 fr. $\frac{6}{7} +$ 359 fr. $\frac{13}{63} =$ R. 3592 fr. $\frac{28}{441}$.

1515. $(78 \times 1000) : (26 \times 13 \times 10) =$ R. $25^{\text{mètr.}}\frac{1}{13}$.

1516. $(795990 \times 1000) : (2^{m},73 \times 1^{m},14 \times 100) =$ R. $255^{m},76$.

1517. $0^{m},6 \times 0^{m},5 \times 1 = 3$ décistères par mètre de longueur ; $3 \times 3 = 9$ francs le mètre de longueur ; $54 : 9 =$ R. 6 mètres.

1518. $1000 : 90 =$ R. 11 décimètres $\frac{1}{9} = 1^{m}\,1\frac{1}{9}$.

1519. Puisque $\frac{5}{7}$ coûtent 60 fr. $\frac{1}{7}$ coûtera 5 fois moins ou $60 : 5 = 12$ rames ; si $\frac{1}{7}$ coûte 12 fr., le prix de l'entier sera $12 \times 7 =$ R. 84 fr.

1520. $\frac{5}{8} \times 60 =$ R. $37^{f},50$.

1521. Puisque $\frac{2}{7}$ de mètre coûtent $\frac{8}{9}$ de fr., $\frac{1}{7}$ de mètre coûtera 2 fois moins ou $\frac{8}{9} : 2 = \frac{4}{9}$, et un mètre coûtera $\frac{4}{9} \times 7 =$ R. $\frac{28}{9}$ de fr. ou 3 fr. $\frac{1}{9}$.

1522. $\frac{15}{16}$ de mètre coûtent $\frac{6}{7}$ de fr., par conséquent $\frac{1}{16}$ de mètre coûtera 15 fois moins ou $\frac{6}{7} : 15 = \frac{6}{105}$ de fr. ; un mètre coûtera donc $\frac{6}{105} \times 16 =$ R. $\frac{96}{105}$ de franc.

1523. $\frac{6}{7} \times 15 =$ R. $\frac{90}{7} = 12$ fr. $\frac{6}{7}$.

1524. $\frac{21}{23} : 7 = \frac{21}{161}$ prix d'un 9e de journée, ainsi la journée entière sera $\frac{21}{161} \times 9 =$ R. $\frac{189}{161}$ de fr. 1 fr. $\frac{28}{161}$.

1525. $\frac{2}{3} : 25 =$ R. $\frac{2}{75}$ de fr. $= 0^f,02\frac{2}{3}$.

1526. $1100\frac{2}{5} = \frac{5502}{5}$; $\frac{5502}{5} : 7 = \frac{5502}{35}$ douzième de la succession, $\frac{5502}{35} \times 12 =$ R. $\frac{66024}{35} = 1886^f,4$.

1527. 157 fr. $\frac{1}{5} \times 12 = \frac{786}{5} \times 12 =$ R. $\frac{9432}{5}$ de francs $= 1886^f,4$.

1528. 131 fr. $\frac{2}{7} = \frac{919}{7}$; $9\frac{3}{7} = \frac{66}{7}$; $\frac{919}{7} \times \frac{66}{7} =$ R. $\frac{60654}{49}$ de franc $= 1237$ fr. $\frac{41}{49}$.

1529. $66\frac{2}{5} \times \frac{3}{7} = \frac{332}{5} \times \frac{3}{7} =$ R. $\frac{996}{35}$ de doubles décalitres $= 28$ doubl. décal. $\frac{16}{35}$.

1530. $12\frac{19}{25} : 15\frac{4}{9} = \frac{319}{25} : \frac{139}{9} =$ R. $\frac{2875}{3475}$ de fr. $= 0^f,82\frac{86}{139}$.

1531. Les $\frac{5}{7}$ de l'ouvrage se faisant en 13 jours, $\frac{1}{7}$ se fera en $\frac{13}{5}$ de jour, par conséquent, pour faire les $\frac{2}{7}$ qui restent il faudra $\frac{13}{5} \times 2 =$ R. $\frac{26}{15}$ de jour $= 5$ jours $\frac{1}{5}$.

1532. Les $\frac{9}{11}$ se font en 25 jours $\frac{2}{3}$, par conséquent, pour faire $\frac{1}{11}$ il faudra $25\frac{2}{3} : 9 = \frac{77}{27}$ de jour; ainsi pour achever l'ouvrage il faudra $\frac{77}{27} \times 2 =$ R. $\frac{154}{27}$ de jour $= 5$ jours $\frac{19}{27}$.

1533. $96\frac{3}{4} : 321\frac{3}{5} = \frac{387}{4} : \frac{1608}{5} =$ R. $\frac{1935}{6432}$ de fr. $= 0^f,3\frac{9}{1072}$.

1534. 6 myriam. $\frac{1}{3} = \frac{190000}{3}$ de mètres; la roue fait dans un tour $\frac{35}{9}$ de mètres; $\frac{190000}{3} : \frac{35}{9} =$ R. $\frac{1710000}{105}$ de tour $= 16285$ tours $\frac{5}{7}$.

1535. $50000 : \frac{15}{21} =$ R. $\frac{1050000}{15}$ de pas $= 70000$ pas.

1536. $99 \times \frac{4}{35} =$ R. $\frac{396}{35}$ d'années $= 11$ ans $\frac{11}{35}$.

1537. Puisque les $\frac{8}{9}$ se font en 14 jours $\frac{5}{12}$, $\frac{1}{9}$ se fera en 8 fois moins de temps ou en 14 j. $\frac{5}{12} : 8 = \frac{173}{12} : 8 =$ R. $\frac{173}{96}$ de jour $= 1$ jour $\frac{77}{96}$.

1538. Les $\frac{99}{300}$ de $24 = 24 \times \frac{99}{300} = \frac{2376}{300} = 7$ heures $\frac{92}{100}$; $24 - 7\frac{92}{100} =$ R. 16 heures $\frac{8}{100}$.

1539. $60^o\frac{1}{9} = \frac{541}{9}$; $\frac{2}{3} + \frac{1}{60} = \frac{120}{180} + \frac{3}{180} = \frac{123}{180} = \frac{41}{60}$; $\frac{541}{9}$

$\times \frac{41}{60} = \frac{22181}{540}$ de degré, distance parcourue; $\frac{841}{9} - \frac{22181}{540} = \frac{292140}{4860} - \frac{199629}{4860} = \frac{92511}{4860}$ de degré, distance qui reste à parcourir; $\frac{92511}{4860} \times \frac{1000000}{9}$ valeur d'un degré en mètres = R. 2115020 mètres $\frac{252}{4374}$ ou 2115 kilomètres 020 mètres $\frac{252}{4374}$.

1540. $600 \times \frac{2}{3} = \frac{1200}{3}$ ou 400; 600 — 400 = R. 200 fagots.

1541. 8 fr. $\frac{3}{20}$ = 8f,15; 17 douz. $\frac{7}{21}$ = 208 poires; 8,15 : 208 = R. 0f,03 $\frac{191}{208}$.

1542. $25 \times \frac{1}{9}$ = R. 2f,77 $\frac{7}{9}$.

1543. $\frac{0,05 \times 7}{5}$ = R. 0f,07.

1544. 127 : 2 = 63f,50 prix de $\frac{1}{3}$ de la pièce; 63f,50 × 3 = R. 190f,50.

1545. $\frac{44}{52} = \frac{11}{13}$; les 6 qui restent = par conséquent $\frac{2}{13}$ de tout le troupeau, ainsi $\frac{1}{13}$ du troupeau = 3 moutons; 3 × 13 = R. 39 moutons.

1546. $\frac{60}{99} = \frac{20}{33}$; $40 \times \frac{20}{33} = 24\frac{8}{33}$; $40 - 24\frac{8}{33}$ = R. 15 jours $\frac{25}{33}$.

1547. $\frac{1}{3} + \frac{1}{4} = \frac{7}{12}$; $\frac{7}{12}$ = 49 ans, par conséquent $\frac{1}{12} = \frac{49}{7}$ d'années; ainsi $\frac{49}{7} \times 12$ = R. $\frac{588}{7}$ d'année ou 84 ans.

1548. $24 \times \frac{3}{25} = 2\frac{22}{25}$; $9 - 2\frac{22}{25}$ = R. 6 h. $\frac{3}{25}$ du soir.

1549. 3000 : $\frac{12}{84}$ = R. 21000 fr.

1550. 9261 : $\frac{7}{97}$ = 128331 prix de tout le troupeau; 128331 : 21 = R. 6111 moutons.

1551. La douzaine coûtant 0f,48, l'œuf revient à 0f,04; ainsi, puisqu'on veut gagner $\frac{1}{3}$ on devra donc revendre l'œuf 0f,04 + le $\frac{1}{3}$ de 0f,04 = 0f,05 $\frac{1}{3}$, par conséquent 0f,05 $\frac{1}{3}$ × 100 = R. 5 fr. $\frac{1}{3}$.

1552. $\frac{2}{13} \times 7$ = R. $\frac{14}{13}$ de mètre ou 1m $\frac{1}{13}$.

1553. 90 : $\frac{2}{9}$ = R. $\frac{810}{2}$ = 405 pauvres.

1554. Il fait $\frac{3}{11}$ de mètre par heure, par conséquent 35 : $\frac{3}{11}$ = R. $\frac{385}{3}$ d'heure = 128 h. $\frac{1}{3}$.

1555. 44 : $\frac{10}{9} = \frac{396}{10}$ d'heure ou 39 h. $\frac{6}{10}$, temps qu'emploiera le premier courrier; 44 : $\frac{9}{8} = \frac{352}{9}$ d'heure ou 39 h. $\frac{1}{9}$, temps que mettra le second; réduisant les deux fractions au même dénominateur, on a $\frac{6}{10} = \frac{54}{90}$; ainsi le second courrier

$$\frac{1}{9} = \frac{10}{90}$$

sera rendu $\frac{44}{90}$ d'heure avant le premier.

1556. $30\frac{2}{3} = \frac{92}{3}$; $\frac{92}{3} \times 100 = \frac{9200}{3}$ de centimètre, longueur de tout l'ouvrage; $2\frac{1}{3} = \frac{7}{3}$ de centimètre, ouvrage que fait une trame; ainsi $\frac{9200}{3} : \frac{7}{3} =$ R. $\frac{27600}{21}$ de trame ou 1314 trames $\frac{2}{7}$.

1557. $20 : 2\frac{3}{4} = \frac{80}{11}$ de litre que le robinet donne par minute; $200\frac{2}{7} : \frac{80}{11} =$ R. 27 minutes $\frac{151}{280}$.

1558. $3627 \times \frac{3}{7} =$ R. $\frac{10881}{7} = 1554$ fr. $\frac{3}{7}$.

1559. $685000 \times \frac{8}{15} =$ R. $\frac{5480000}{15} = 365333$ fr. $\frac{1}{3}$.

1560. $7\frac{1}{2} \times 60 = 450$ heures, temps que mettra le 1er cordonnier; $8\frac{1}{4} \times 60 = 495$ heures, temps qu'emploiera le 2e; $495 - 450 =$ R. 45 heures avant le second.

1561. S'ils avaient travaillé pendant toute une semaine, ils recevraient, le 1er $2\frac{2}{3} \times 6 = 16$ fr.; le 2e $3\frac{4}{7} \times 6 = 21$ fr. $\frac{3}{7}$; mais, puisqu'ils n'ont travaillé que $\frac{1}{9}$ de semaine, ils recevront 9 fois moins; ainsi, le 1er aura $\frac{16}{9}$ de fr. = R. 1 fr. $\frac{7}{9}$, le 2e aura $\frac{21\frac{3}{7}}{9} =$ R. 2 fr. $\frac{8}{21}$.

1562. $0{,}28 : \frac{2}{5} = 0{,}70$ prix de l'entier; $0{,}70 \times \frac{1}{7} =$ R. 0f,10.

1563. 9 fr. $\frac{1}{40} \times \frac{15}{17} = \frac{361}{40} \times \frac{15}{17} =$ R. $\frac{5415}{680} = 7$ fr. $96\frac{11}{34}$.

1564. $70\frac{1}{3} \times \frac{11}{49} = \frac{211}{3} \times \frac{11}{49} =$ 1re R. $\frac{2321}{57}$ de fr $= 40$ f $\frac{41}{57}$; $70\frac{1}{3} : \frac{2}{3} = \frac{211}{3} : \frac{2}{3} =$ 2e R. $\frac{622}{9}$ de jour = 69 jours $\frac{1}{9}$.

1565. $1237\frac{41}{49} : 9\frac{3}{7} = \frac{60654}{49} : \frac{66}{7} = \frac{424578}{3234}$ de fr. = 131 f $\frac{154}{539}$ part de chaque ouvrier; 131 fr. $\frac{154}{539} \times \frac{3}{7} = \frac{212289}{3773}$ de fr. = 56 fr. $\frac{1001}{3773}$.

1566. $842\frac{3}{4} = \frac{3371}{4}$; $\frac{3371}{4} : 8$ (car le père fait 5 parts) $= \frac{3371}{4 \times 8} = 105$ sillons $\frac{11}{32}$, part de chaque enfant; $105\frac{11}{32} \times$ $= 316\frac{1}{32}$, part du père.

1567. $1 : \frac{10}{391}$ = R. $\frac{391}{10}$ de kilom. = 39 kilomètres, 1 hectomètre.

1568. $\frac{3}{16} + \frac{1}{2} = \frac{11}{16}$; il a perdu les $\frac{11}{16}$ de ce qu'il avait, par conséquent ce qui lui reste, c'est-à-dire, 25 fr. = les $\frac{5}{16}$ de ce qu'il possédait, ainsi $25 : 5 = \frac{1}{16}$ de ce qu'il avait, et $\frac{25}{5} \times 16$ = R. 80 fr.

1569. Le voleur perd $\frac{3}{21}$ par kilomètre, ainsi $30\frac{1}{15} : \frac{3}{21}$ = R. 210 kilomètres $\frac{7}{15}$.

1570. $60000 \times \frac{8}{11} \times \frac{5}{6} \times \frac{3}{4}$ = R. 27272 fr. $\frac{8}{11}$.

1571. $50000 \times \frac{9}{11} \times \frac{7}{9} \times \frac{5}{7} \times \frac{2}{5}$ = 9090 fr. $\frac{10}{11}$; 50000 − 9090 $\frac{10}{11}$ = R. 40909 fr. $\frac{1}{11}$.

1572. $15\frac{2}{9} \times 10\frac{2}{3}$ = R. 162 fr. $\frac{10}{27}$.

1573. $25 : \frac{2}{3}$ = R. $\frac{75}{2}$ = 37f,50.

FIN.

Vannes. Imp. de N. de Lamarzelle.

www.ingramcontent.com/pod-product-compliance
Ingram Content Group UK Ltd.
Pitfield, Milton Keynes, MK11 3LW, UK
UKHW031056260726
13965UKWH00006B/1422

9 782013 05526